清华大学风景园林设计研究理论丛书

# 场地设计留白

Void in Landscape Design

许愿 著

中国建筑工业出版社

# 序

“留白”一词在当代艺术和文学领域是一个相当特殊的词语，它自身带有着某种东方意蕴的神秘的睿智属性，通常被理解为以克制的无为换取最大化的空间想象，或者是以相对较小的代价换取相对较大化成果的东方巧术或东方智慧，如中国山水画中的画面经营，但由于学术圈至今尚没有系统研究厘清“留白”思想的哲学渊源及脉络，总体来说我们对于“留白”的认知上还是处于一种相对模糊的且表面化的状态，进而当“留白”一词进入风景园林设计领域时，因为学科的特质属性，风景园林的“留白”所可能具备的伦理高度必将突破对于留白的传统图式化视角，从而产生新的设计学意义。

许愿老师的研究成果《场地设计留白》一书是在其博士论文的基础上修改形成，以“空间留白”为研究对象，试图去破解三维留白认识方式的修正这一难题，将这一东方智慧延伸至普世的设计领域。这篇论文的学术贡献大概有：第一，系统梳理“留白”的哲学思想根源和厘清从传统领域发展至当代的语境脉络本源，这是研究基础，留白归根到底首先是一个哲学问题；第二，界定空间留白的研究领域至场地视角，并确立了“场地留白”的基本概念。显然空间留白与留白传统概念中“空”的视觉属性有着明显的区别，这一切入方式使得研究回归设计学实质意义的空间本质；第三，通过对于上海辰山矿坑花园、杭州江洋畈生态湿地公园、哈尔滨群力湿地公园、西班牙海角公园和山顶公园等设计案例的精解还原透析了场地留白的判读和赋新的二元过程，并建构了具有应用意义的“情境场”理论。

我认为《场地设计留白》是风景园林设计研究领域的高质量的学术成果，它挑战了风景园林设计领域中非常难以驾驭和认知的真空地带，填补了一个重要的学术空白点。

朱育帆

2020年11月23日

# 前言

“白”是中国传统哲学与艺术范畴中一个基础性概念，留白被认为是东方艺术的一大特征，也逐渐成为当代艺术设计研究的热点。但在包括景观设计的当代设计学研究中，普遍存在着“形而下之白”与“形而上之白”二者必然对应的关系预设，致使“留白”一词的使用表象化。本书是对中国传统山水美学中留白概念的一次厘清，也是关于其向当代设计实践转化的一次探索。

全书内容可分为两部分。第2、第3、第4章是理论构建，针对留白认识的表象化现象，回归传统哲学与艺术体系，溯源“白”的基本概念及其对山水画、文人园林、日本枯山水等的影响，以此厘清其词义内涵；继而结合景观设计实践的特点，尤其是作为设计介质的场地的特殊性，提出场地留白的设计策略；在环境伦理的框架下，场地留白强化了个体视角和人文维度。第5、第6章是应用研究，根据场地承载信息的类型将场地分类为直接载体类型（包括整体空间型和元素型）、间接载体类型和转塑载体类型，并分析了不同设计阶段、不同性质的场地条件下场地留白的施行途径。

书稿的基础是笔者2012~2017年就读于清华大学时的博士学位论文，此次出版翻看时深感不足，但确是彼时真实状态的呈现，还望读者谅解，切盼交流。

# 目录

# 第1章 绪论

7 6 5 4 3 2 1

20世纪下半叶开始发生在东亚国家的城镇化进程以其史无前例的速度和规模，引发了世界范围内广泛而持续的关注，这一进程中普遍存在着对场地价值的无视与贬斥。

库哈斯（Rem Koolhaas）在1995年撰写的文章中研究了新加坡岛20世纪60~80年代的建设过程，将以其为代表的城市建设方式称为"白板的神话（the apotheosis of the tabula rasa）：被彻底夷平的土地作为一个全新开端的基础"。20年后的访谈中他再次提及这个概念，认为这是一种"在有任何可供开发的项目或者看似合理的方案诞生之前，整个区域先被夷为平地"的建设模式，它仍然广泛地存在于亚洲城市的发展进程中。"tabula rasa"拉丁文原意为"白板"，尽管常被翻译为"留白"，但它实际上是一种与本书将要提出的场地留白恰好相反的设计策略。在这种设计策略中，tabula rasa，即一块平整而干净至极的白板，被视作城市新的起点，但事实上，形成这块白板的动作"擦除"才是真正的第一步。擦除的动作是白板策略的核心，它无视作为设计介质的场地上原有信息的存在，理所当然地否定其价值，认为理想的场地是一块规整、匀质、抽象的白板。1958~1978年，新加坡岛地形巨变，海岸线扩充，用地性质也全盘改动，是白板策略施行的典型，在擦除动作实施后，整个新加坡"变得更加大而平，更加抽象了……它仅存的资源都是物质的——它的土地、人口，以及地理构成"。

中国自20世纪80年代开始至今的城镇化运动无疑已在规模和速度上远远超过了新加坡，而且可以预见的是，在未来的数十年间城镇化仍将是中国大地上建设活动最为重要的助推器。然而空前的建设量却打断了城市生长与设计发展的节奏，在对速度的片面追求下，调研、分析以及设计精度都难以得到保证，白板策略因见效快、易施行等优点而成为被广泛采用的建设模式。白板式建设的特点是对过去、历史的否定与抛弃，将其彻底拆毁、抹白而后进行全新的建设，最直接的后果就是场地历史信息、空间特质不同程度的丧失，事实上彻底的丧失也是非常常见的。

除了能够满足对速度的片面追求外，抹白式设计产生的更深层的原因是近代以来对"新"的崇拜，以及与之对应的对"旧"的损斥。五四运动后，科学的理念和范式迅速涌入中国，而诞生于科学界的进化论思想同时也进入了文化领域并发展成主导之势，由此产生了"社会进化论"，认为文化的发展与生物物种的发展类似，遵循一种线性前进的进化模式。由此"新"便天然地等同于"好"，而"旧"则意味着落后、应被淘汰。田晓菲教授指出"进步与落后""文明与愚昧"等二元对立的概念实质是在为西方国家的空间侵略进行辩护，将空间的霸权转而呈现为时间的优越，在这种逻辑下科学技术的落后、体制的腐败与所谓的“文化的落后”被捆绑在了一起。这就像把不同的文明放入一个类似赛跑的竞技情景下，落后者若是想要追赶前面的人，就必须得加速前进，不停地实现速度与距离的突破和跨越。不得不承认的是，在中国近代多灾多难的历史背景下，“现代”“工业化”等概念常被与民族独立、繁荣富强等暗含“站起来”意味的词语一同解读，而具有了远超其本身涵义的政治意味。

在这种危险的思维模式下，人们迫不及待地和一切旧的东西说再见，将其抹平似乎成为唯一正确解；同理，未来也一定会好于现在，所以现在最好的模样就是对未来图景的想象。

白板式建设是由非常多且复杂的原因共同作用而形成的，比如政策问题、土地开发模式、经济问题、社会公平问题等等，但不可否认的是，设计学科内部对场地本体价值的认识是其中一个非常重要的原因（在某些情况下是根本原因），本书正是试图从设计研究的视角出发，思考并回应这一现象。相较于建筑、城市规划等兄弟学科，风景园林有着天生的与场地更为密切的关联，站在白板策略的对立面，并不意味着宣扬场地原有的物质和非物质的构成具有凌驾于设计新置结构的绝对的价值，也不意味着对其他决策因素的排斥，本书坚信的是，在景观设计中对场地本体价值不假思索地无视或贬斥的态度，是断然不妥的。

7 6 5 4 3 2

# 第2章 白与留白

虚而灵，空而妙。

——（清）石涛，《苦瓜和尚画语录·林木章第十二》

计白以当黑，奇趣乃出。

——（清）包世臣，《艺舟双楫·第二册·论书一·述书上》

文章之妙，都在无字句处。

——（明）施耐庵、（清）金圣叹，《金圣叹批评第五才子书<水浒传>》

中国传统艺术中存在这样一种现象，表现为作品空间中空隙、空白的创作不作为的部分，往往被认为有着比创作作为的部分更突出的艺术价值，无、空、虚、白等，常被视为艺术成就最高之处。直至当代，相关论题是几乎所有中国传统美学研究不可避免涉及的内容，甚至常被归入最重要的命题之列。宗白华认为“中国画最重空白处。空白处并非真空，乃灵气往来生命流动之处”。朱良志有言“对空白的关注，是中国美学空间意识的核心组成部分”。

许多西方学者也留意到了中国传统艺术，尤其是绘画艺术中空白对于全幅作品组织的重要性。现代主义画家马蒂斯（Henri Matisse）曾这样阐述他对东方绘画的理解：“画出叶片间的空隙与画出叶片自身同样重要，而且叶片与邻枝叶形的关系比与同枝叶形的关系更为和谐”；德国戏剧家、诗人布莱希特（Bertolt Brecht）也发现：“中国艺术家会在纸上留出许多空白。某些地方好像是没用，但却在布局中起着关键的作用，它们的大小、形状都是预先精心筹划的，其精心程度不亚于画物体的轮廓”；达米施（Hubert Damisch）在《云的理论：为了建立一种新的绘画史》一书中对比了表现为画面空白之处的“云”在文艺复兴以来的西方绘画与在中国传统山水画中的意义，提出“虚”以及虚所起的“支撑”作用是中国绘画的一个特点:“在西方，油画笔用来覆盖整个画面，也就是通过系列的油料、颜料、色彩让画布完全消失，也就从感官的层次上加强了透视构建所造成的对画布的‘否定作用’……中国绘画与书法则（在笔与墨的辩证关系基础上）在绢和纸中去寻找‘神’，相得益彰”。

## 2.1 “留白”的词义演化

由于“白”在作品空间中表现为空隙、空白等创作行为未触及和改动之处，那么对这一部分的经营就表现为一种有意的不作为。布白、计白、余玉、留虚、留白等一系列动宾结构的词语都是对这种创作方式的描述。其中留白被最广泛地使用于当代研究中，据笔者2017年3月19日对中国知网的检索结果，以“留白”与“艺术”为主题的论文成果多达1125篇，而后是“布白”与“艺术”，397篇，“计白”与“艺术”149篇；而同时以“留白”与“设计”为主题的论文成果共667篇、“布白”与“设计”79篇、“计白”与“设计”66篇。可以看出，

“留白”一词的使用率是最高的，而在设计相关研究中这一优势更是被极大地凸显，原因在于“留白”最能够表达在有选择的情况下进行有意图的不作为之意，强调了这种选择的主观意志性。所以，本书将遵从这种使用习惯，以“留白”指称创作中对“白”进行有意经营的行为。

### 2.1.1 “留白”在古籍中的用法考证

虽然“留白”一词在当代研究中被广泛使用，也指向了所谓不言自明的艺术传统，但对古籍中“留白”使用情况的考证却揭示了另一种情况。据对刘俊文总纂《中国基本古籍库》的检索，“留白”连字出现的文献共有1123条（艺文库798条）。虽相连出现，但绝大多数情况下“留”“白”二字并非连缀成词，“白”字是与其后紧接的名词共同表意，作为对这个名词所指代事物进行修饰限定的形容词，如白首、白发、白马、白云、白鹤、白石等，陆游有诗“惟留白眼望青天”；还可能出现的是“白”表地名、人名，如杜甫诗“南留白帝城”。显然，以上用法是无法被纳入研究范畴的。

检索结果中，“留白”二字连缀成词表意的情况主要有以下几种（表2-1）。《世说新语·俭啬第二十九》中，庾太尉赞叹陶公节俭的品行时说他“啖薤，庾因留白”，此处的白是临近根部的薤头，这也成为描述薤食用方法的固定说法而在后世文献中频繁出现，如《证类本草》中的“凡用葱、薤，皆去青留白”。另一种是“白”直接作为名词指代具有白色性状特征的物，如刘克庄诗“一朵不留白，两池皆变红”中就是指白色的莲花；吴萧台诗“嫩节霜留白”描绘的是如挂霜般颜色的竹枝嫩节；舒位诗“香去花留白”是落英缤纷之景；尧恺诗“旌旗绝影月留白”形容皎洁明亮的月光；许楚诗“溷俗须留白”中则指白色的须髯。较为特别的用法有黄钺诗句“驹光过隙空留白”诗句中借典故感叹时光易逝，“留白”在此表达怀念往昔的感慨之情；潘衍桐诗“摹帖字留白，看山眼尚青”中是与“眼尚青”相对，描述的是摹贴时下笔不畅的一种状态。出现频率较高的用法是以白指代雪，“留白”表示还未消融的白雪，如曹学佺诗“阴岭尚留白”、马中锡诗“春知雪意还留白”、陆应縠诗“霁雪痕留白”。

以“留白”表示作画者在纸面上刻意预留空白的用法最早出现于元代饶自然《绘宗十二忌》中，“其石便带皴法，当留白面，却以螺青合绿染之”，讲述的是金碧画法中山石的作画步骤，纸面留白是为了后续的染色效果。须特别关注的是明代唐志契的画论《绘事微言·雪景篇》，其中“留白”出现了两次：在画雪中山石时“凡高平处即便留白为妙”，在画雪中松竹时“其枝上一面须到处留白地”。这里的“白”或“白地”都是指画幅内的纸白，但与饶自然所述的区别在于它们已是画作的结果而非过程状态。清代唐岱所著《绘事发微》中有着极为相似的说法，描述的还是雪景中山石、树木的画法，“在石面高平处留白，白即雪也”、“其林木枝干，以仰面留白为挂雪之意”，唐岱很有可能受到了唐志契论述的影响。清代吴清鹏《潜园主人山水画册十二首》中也有句“留白作雪地，规出林峦姿”，“白”仍是用以表征雪。清代郑绩《梦幻居画学简明》论景篇中，讲述雪景的画法时有“树身上边留白，下边少皴”，论山禽篇中讲述全身皆黑仅翼底夹生白羽的鸲鹆的画法中有“写翼宜疏两笔，留白以间之”。

表2-1 古籍库中“留白”连缀成词的统计表

| 白的表意类别 | 文献列举 | 说明 |
| --- | --- | --- |
| 啖薤时去青留白的固定说法 | 陶性俭吝，及食，啖薤，庾因留白。陶问：“用此何为？”庾云：“故可种”[（南北朝）刘义庆．世说新语] | “薤”是一种常见的菜食，“白”指临近根部的薤头 |
|  | 凡用葱、薤，皆去青留白。云白冷而青热也［（北宋）唐慎微．证类本草］ | （此类用法较多，不再一一列举） |
|  | 形堪画篆，嚼青留白为根柢［（清）蔡衍鎤．操齐集］ |  |
| 指代有白色性状特征的物 | 昔移红白种，同种谢池中。一朵不留白，两池皆变红［（南宋）刘克庄．记小圃花果二十首•莲花］ | 白色的莲花 |
|  | 嫩节霜留白，疏枝影自纤［（唐）吴萧台．新竹］ | 如挂霜般颜色的竹枝嫩节 |
|  | 香去花留白，峰来水送青［（清）舒位．瓶水斋诗集］ | 湖光山色中浅色的花瓣点缀 |
|  | 旌旗绝影月留白，戎马无声草自青［（清）尧恺．题马援官］ | 明亮皎洁的月光 |
|  | 溷俗须留白，忘机颊渐红［（清）许楚．赠陆黄冠］ | 白色的须髯，与颊渐红相对 |
| 表示消逝、缺失的状态 | 驹光过隙空留白，眉色怀归那得黄。[（清）黄钺．壹斋集] | 感叹时光易逝，怀念往昔 |
|  | 摹帖字留白，看山眼尚青［（清）潘衍桐．两浙輶轩续录］ | 下笔不畅的状态，与“眼尚青”相对 |
| 雪 | 南山雪未尽，阴岭尚留白。[（明）曹学佺．石仓历代诗选] | 白雪还未完全消融的状态 |
|  | 春知雪意还留白，寒妬花枝未□红。[（明）马中锡．东田漫稿] |  |
|  | 霁雪痕留白，明星影坠西。[（清）陆应穀．抱真书屋诗抄] |  |
| 画幅上的空白 | 金碧则下笔之时其石便带皴法，当留白面，却以螺青合绿染之，后再加以石青绿逐摺染之，然后间有用石青绿皴者［（元）饶自然．绘宗十二忌］ | 金碧画法中山石的作画步骤，纸面留白是为了后续的染色效果 |
|  | 其画山石，当在凹处与下半段皴之，凡高平处即便留白为妙 | 雪景山石的画法 |
|  | 其画寒林当用枯木，冬天亦有绿叶者，多是松竹，要亦不可全画，其枝上一面须到处留白地［（明）唐志契，绘事微言］ | 雪景松竹的画法 |
|  | 用笔须在石之阴凹处皴染，在石面高平处留白，白即雪也 | 雪景山石的画法 |
|  | 其林木枝干，以仰面留白为挂雪之意，松柏杉桧雪压枝梢，有冲寒冒雪之状［（清）唐岱．绘事发微］ | 雪景林木的画法 |
|  | 水天空阔处，全用淡墨施，留白作雪地，规出林峦姿［（清）吴清鹏．潜园主人山水画册十二首］ | 积雪的开阔地面 |
|  | 树身上边留白，下边少皴，枯枝上亦渍白挂雪 | 雪景树木的画法 |
|  | 毛全黑色，惟翼底夹生白羽。写翼宜疏两笔，留白以间之［（清）郑绩，梦幻居画学简明］ | 鸲鹆翼底夹生白羽的画法 |

“留白”在古籍文献中的表意可分为三个主要的类型：一是对颜色呈现为白色的物品的指代，如花、须等；二是对某物在消逝过程中留下的物质、非物质痕迹的现状进行描述，多见于对霜、雪、月等景的描绘，其中暗含了一个时间变化的过程；另一类型则是人主观上刻意预留之意，发生于创造性的选择、组织过程，主要出现在传统画论之中。从统计结果来看，传统画论中“留白”一词是与非常具体的、技巧性的问题直接相关，在纸上预留空白的主要目的是为了表现颜色浅弱的对象，所以绝大多数都是关于最典型的白色对象——雪景的画法探

讨。而且在数量上，留白二字连缀成词且表示一种创作手法的文献仍是非常少的，甚至不到1984~2017年以“留白”与“艺术”为主题的论文数量的1%。

以上统计结果清晰地揭示了一个事实：包括艺论在内的所有古籍文献中，“留白”几乎从未被视作一个有明确意义指向的专业术语。笔者认为主要原因在于“留”使“留白”具有了确定的“预留白地”的动作含义，所以它更多地与操作动作及技术相关，而艺论所聚焦的通常是“高于”操作层面的问题；更重要的是，“留”的动作还明确地界定了它的对象，即以白纸为典型代表的创作介质，那么是否存在这样一种可能，在白纸上预留空白的行为与美学上的空灵虚妙之“白”并没有必然的关联？

### 2.1.2 当代设计研究中“留白”的表象化使用

一个显见的现象是，能够成功呈现传统美学所追求的逸、淡、清、空、静等境界的作品常常会具有淡弱的表象特征，这些淡弱的部分也往往是作者有意经营之结果，呈现为纸面上的“留白”。在大部分关于留白的当代设计研究中，这种对应关系被强化了。因为绝大多数设计的成果都需通过视觉进行表达，平面关系中黑-白、深-浅的布局对视觉效果的形成有着重要意义，所以许多设计学科，尤其是装帧、服装、版式等会将留白单纯地视为平面构成中黑-白关系把控的一种方式，在表象空间中对其进行研究。但这种思路的问题在于，“留白”一词很难与传统艺术审美脱开干系，因而这种平面关系的推敲也就指向了那个存在已久的不言自明的传统，所以，总会有这样的明示或暗示：表象空间中的留白必然会引发传统美学至为推崇的某种艺术效果。

在设计研究中，这种在二者之间直接建立对应的思路是颇为普遍的。丁朝虹对原研哉著作《白》大受关注原因的分析恰恰反映出了这种现象的根源，她认为白不仅根植于日本美学传统，更是设计师最擅运用的元素，由此向人们提供了“一窥美学由形而上向形而下转变的某种途径”，也就是说，留白明确的动作含义使它被排除了不重视技法讨论的艺论范畴，但却恰恰向偏重于应用性的设计研究提供了一条从“形而上”直通“形而下”的“捷径”。所以近年来“留白”迅速成为设计研究中的一个热点。这里实则暗藏了一个问题：“形而下”之白必然会引向“形而上”之白吗？

其实，稍有设计经验的人应该都能够认识到，原研哉设计的品质与他是否大量使用白色并没有必然的关联。“白”确实是日本当代设计大师原研哉设计哲学的核心，在《白》一书中他反复阐明其重要性：“一处没画过的空间并不应被视为一处无信息区域：日本美学的基础就在那空的空间之中，大量的意义就建构在那上面”。原研哉认为“白”是一个内含深厚文化基础的概念，从古语“Itoshiroshi”开始，日本书化审美中表示白色的语言就指向了一种抽象的精神审美，纸与墨的书写模式进一步促成了东方文化中“白”的意义体系的构建，因此当代设计中的“白”依旧具有特别的象征意义、对精神的启迪作用、容纳性与潜能性。

从中不难看出，作为原研哉设计哲学的白远非表象之白，正如他自己特别强调的：“白只存在于人们的感觉认知中，要寻找的不是白自身而是一种感觉白的方式”。原研哉也有很多非

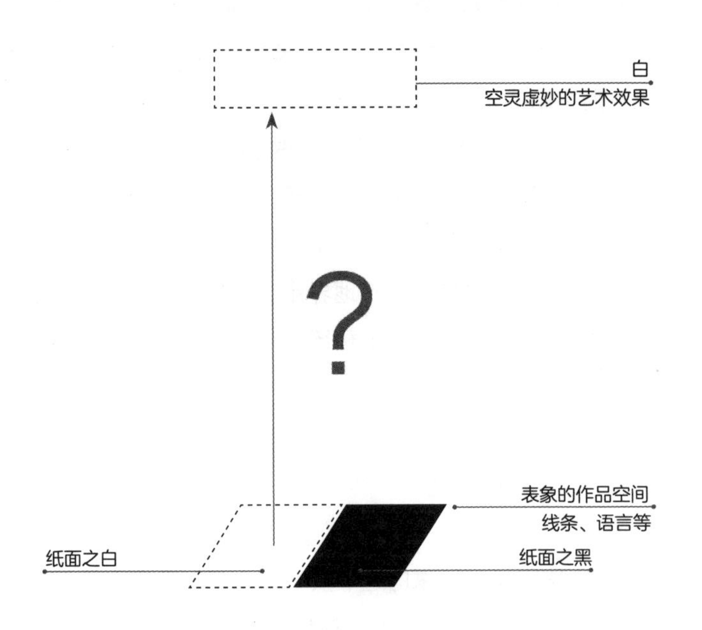

（图2-1）

白色、造型并不简洁的设计作品，它们同样承载了“白”的设计哲学。所以，在原研哉的设计世界里，“形而下之白”只是“形而上之白”的一种可能而非必然的表现形式。

再回到艺论语境下，如前文所述，文献中“留白”还未成为一个具有明确意义的专有术语，若仅从其字面理解，“留白”即是在作品空间中有意留出空白之处的动作行为（图2-1）。这种动作能够必然地导致美学意义上“白”的出现吗？至少来自于传统艺术的回答是否定的，在古人看来，纸面白地的留或不留、留多留少，与所谓空灵虚妙的艺术效果之间，既非充分也非必要条件，在为数不多的“留白”连缀出现的情况下，它所涉及的仅是表象作品空间层面的技法问题。

由此可以得到这样一个结论：认为表象之白可以公式化地导向观念之白的设计思路是不成立的。那么，在怎样的情况下表象之白可以导向观念之白？观念之白又是否一定以表象之白的形式呈现？本章将致力于回答这些问题。

## 2.2 哲学中的“无”与“白”

“白”隶属于中国传统哲学持续关注的一个极重要的范畴，传统哲学关于无、空、虚、白等概念的认知，直接影响甚至支配着绘画、书法、诗词、音乐等各艺术门类的运转与评价机制。

### 2.2.1　从“无”的字源探析空间认识发展

“无”本是对“有”的否定，即没有。但“无”的特殊性在于它的抽象性，“无”字的出现代表了人对于“没有的东西”存在意义的发现与价值的认可，是虚、空、白等概念出现并发挥效用的基础。“无”字字源的研究涉及许多复杂的哲学、考古学、文学问题，学界尚存争论，暂以王博《无的发现与确立——附论道家的形上学与政治哲学》、庞朴《说“無”》、刘翔《关于“有”、“无”的诠释》、康中乾《有无之辨：魏晋玄学本体思想再解读》为核心参考文献，文中不再逐一标注（图2-2）。

1．“亡”

现代汉语中的“无”字在古汉语中的字形变化并非简单的一字多形，而是一个复杂的变迁过程，反映出了人对于“没有的东西”认识的变化与发展。最先出现的表达“无”语义的文字符号是“亡”，“亡”字的甲骨文字形是取了“有”字的半边，指有了而又失去的或将要有而尚未到来的事物。殷代卜辞中留有大量将“有”“亡”反复对贞的记录，多是关于有无灾祸、天气异变的占卜，如“丁丑亡大雨，其又大雨”周代金文中又引申出了“过失”“灭失”等语义，如“哲德不亡”“民亡不康静”。总体来看，这些都属有而后无，即原有东西的缺失，人对实际空间中存在的、以感性经验认识的“有”的记忆是“亡”的前提，是它的对比与参照（图2-3）。

（图2-2）

（a）　（b）　（c）

图2-1　从形而上直通形而下的留白理解分析图

图2-2　“亡”“無”“无”的早期字形

（图片来源：刘翔，1991：67-87）

（a）殷代卜辞中的“亡”字；西周金文中的“亡”字

（b）殷代卜辞中“無”字象形初文；西周金文中的“無”字

（c）《云梦睡虎地秦简》中“无”字，是迄今最早字例；西汉文帝初年抄写的古佚书中“无”字，长沙马王堆出土

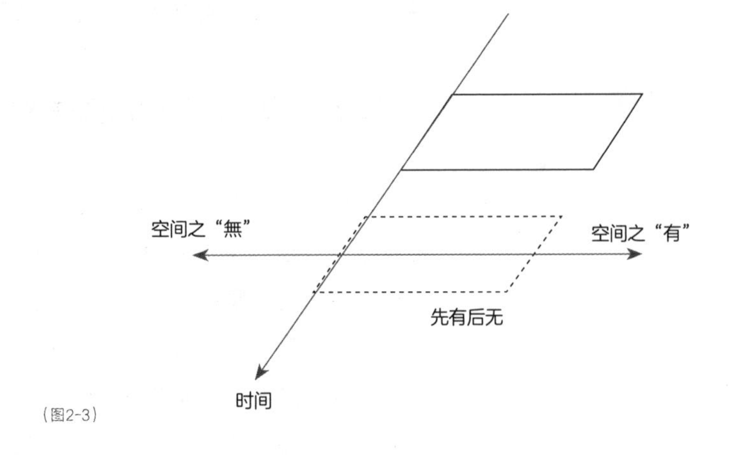

（图2-3）

巫鸿在中国早期废墟观念的研究中指出，最早表达废墟的中文语汇是“丘”，在殷代卜辞中就已出现，东周时期“墟”字取代了“丘”字成为主要用字，标志着废墟观念发生了重要的变化——前者仍有建筑物遗迹、地形特征的意谓，但后者的基本含义则是空无，由此对废墟的表现“日益从外在、表面的迹象中解放出来，愈发依赖于观者对特定地点的主观反映”。巫鸿将这种不依于外部特征识别、靠记忆与领悟唤起情思而形成的“现场（site）”，称作“主观的实在（subjective reality）”，由此生成的是一种因人的联想、回忆、想象等思维活动而创造的有别于实体空间的空间类型，一种体验的事实而非物理的事实，可视为对于非实体空间最初的认识。对这一空间形态的利用广泛地出现于怀古诗、画的创作之中，据《史记》，早在商初亡之时太帅箕子路过殷墟，见遍地禾黍感伤而泣，作《麦秀》之诗，诗中也未提及任何的建筑遗迹而只有禾黍。“墟”字义之空无，显然是与有而后无的“亡”字对应的，它的实质仍是关于曾经在物理空间中存在的“有”的直观认识，从“丘”到“墟”的演化也反映出它与实物紧密的关联关系。

2.“無”

第二个出现的是“無”字，“無”是“舞”字初文，是一个典型的象形文字，殷代卜辞中的字形即一人双手各执羽状器具起舞之态。在殷代卜辞中“亡”与“無”是两个词义独立而互不干涉的字，“呼無有雨，呼無亡雨”一句便是力证，“無”仅作舞蹈之义。至于“無”的字义与字形衍化，刘翔认为“無”乃“舞”字初文，之后专表舞蹈之义的“舞”字从其中分化出来，“舞”后又演变成了“𣞤”，然而“無”自西周金文开始表“有无”之“无”的涵义，是因为与“亡”的古音相通而被混用，最终约定俗成而与其通用；庞朴则指出：以舞蹈向某种不可见、不知在何处的神灵献媚以保证自己行动的成功是原始社会中极普遍的一种现象，即以“舞”事“無”，“舞”本身就带有强烈的仪式性和神秘感，而“無”也逐渐演化为对无形无相又无所不在的某种特殊存在的指称，不仅限于神灵，还包括各种当时人们确信其存在却无法直接感知的事物，甚至包括生命、世界的运行规律，《说文》中的丰、大之义便源于此。值得注意的是，“無”的实质仍是“有”的一种存在形态，只不过这种“有”是无法以人的感官直接感知的（图2-4）。

《道德经·十一章》中以三个“当其无”阐述了关于空间“有-无”关系的经典论著：车毂中空的部分有车之用，器皿中空的部分有器之用，门窗四壁中空的部分有室之用。毂、器、室皆是人为设计、建造之物，而它们的作用却是通过实体之外空的部分显现出来的，由此可以认为空的部分其实也是一种“有”，是设计结果中与有形有质的实体相对的无法直接感知的设计组成部分。所以“当其无”中的“无”在字义上其实是属典型的“無”。

### 3.“无”

最后出现的是表示空无的“无”字，现存最早的字例出现于战国末年至秦始皇时期《云梦睡虎地秦简》中，刘翔推测“无”是由“無”的形体省变隶化而来。“无”字的字义开始出现变化并逐渐从前两者之中分化出来大致是在春秋末至战国时期，《老子》中“有”“无”成为哲学概念，但“无”的涵义尚不确切，“当其无”及“有无相生”中两者似乎是并列的关系，“天下万物生于有，有生于无”句中“无”又成为另一个层次的更为根本的存在；《墨子》中明确地提出了一种“不必待有”的“无”，并举例作了这样的区分：如果说无马（也有作“焉”、“凤”等，暂取孙诒让校注的“马”字），那么属先有而后无的情况，但若说无天陷，那么这就是一种本来就没有的东西。后世对于“天陷”的举例多有质疑，但不可否认的是，墨子“无不必待有”的认识是划时代的，《墨子间诂》中也有意在此作了“有有而无，有无而无”的校注。《庄子·庚桑楚》中探讨了宇宙万物之存在的问题，认为其根本为“天门”，继而解释道：“天门者，无有也，万物出乎无有”，这其中最为关键的是“无有”，西晋郭象的注中将“无有”合为一个“无”的概念，认为天门是“以无为门，则无门也”。

至此，“无”不仅是抽象思维的产物，更具有主观想象的观念性，与“有”“無”组成的世界出现了显见的分离，成为另一个空间层次的存在（图2-5）。“无”的概念进入哲学领域后即成为中国传统哲学的核心命题，在宇宙观和本体论的探究中都被赋予了根本性的重要地位，魏晋玄学的有无之辩、佛学中“空”的问题、理学中“理”与“极”的问题等等——“无”自身、由它衍生而出的以及与它相关的系列概念形成了一个庞大而复杂的概念网络，彼此相互牵连却又存有差异，但均已跳脱了与实有相对的“無”，而有着“无而无”的属性。

图2-3 “亡”字所对应的空间认识分析图

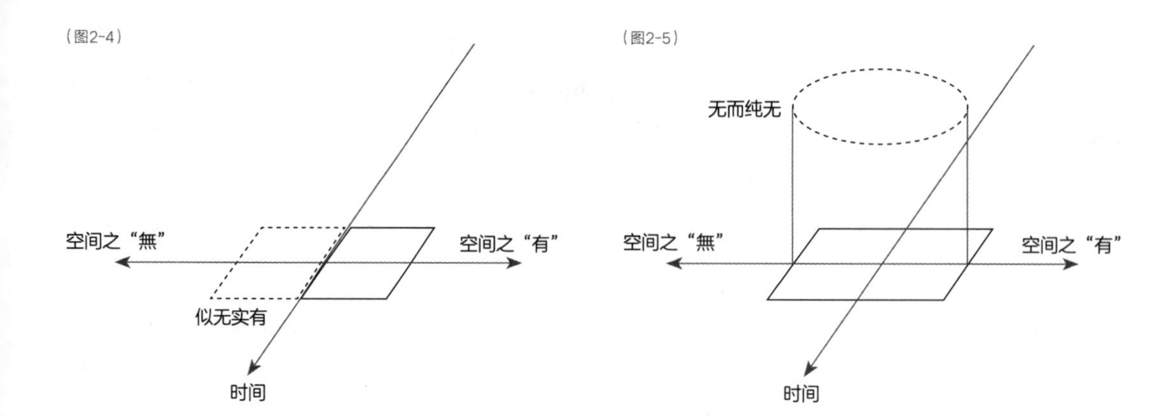


4．总结与比较

庞朴将“无”字的衍化总结为从“亡——先有后无”到“無——似无实有”，再到“无——无而纯无”三个阶段，认为关于“没有”的认识发展反映出了人类认识史的进化过程（图2-6）。将其对应于空间认识，这三个阶段则标示了人对于所处空间环境，尤其是表现为非实体的空间的认识发展进程。

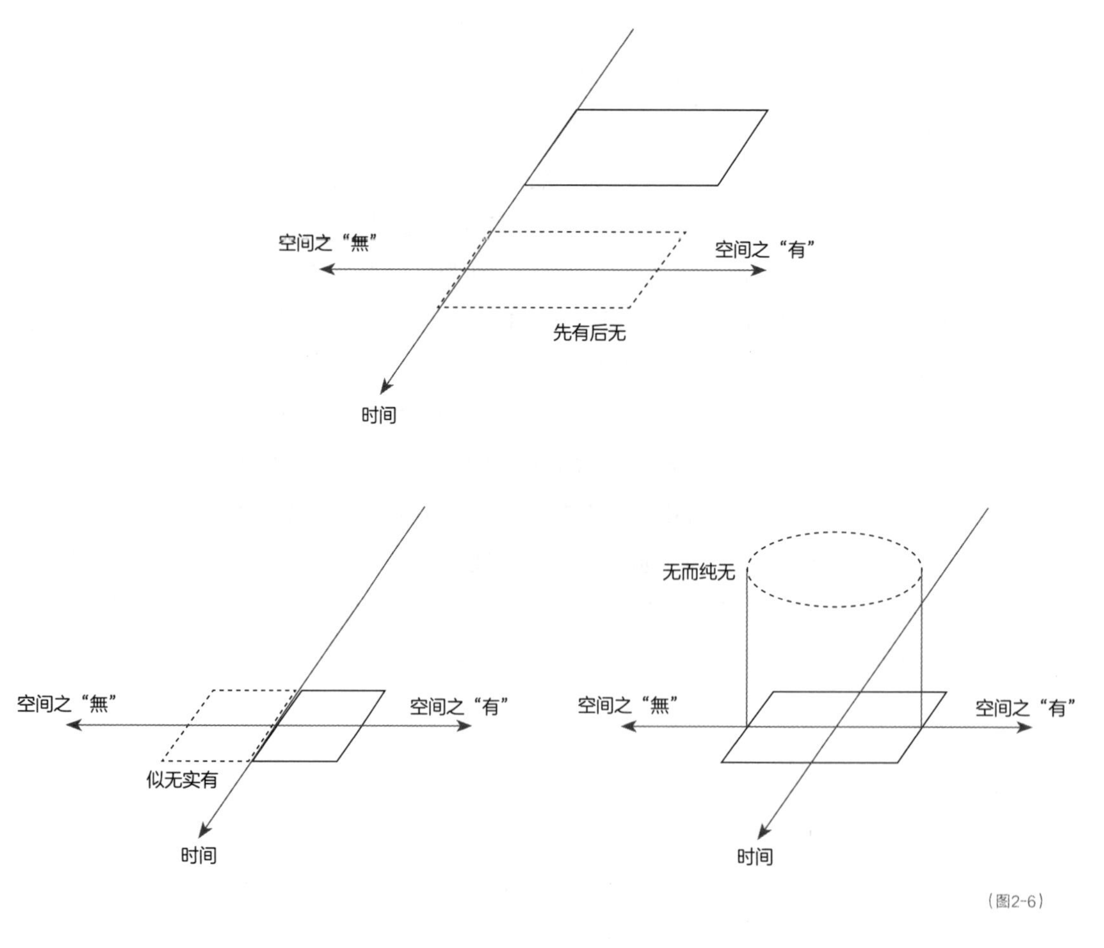


图2-4　“無”字所对应的空间认识分析图
图2-5　“无”字所对应的空间认识分析图
图2-6　“亡”“無”“无”字所对应的空间认识对比图

比“无”更早出现的、字义也非常明确的“有”是人基于感性经验对实有存在的认识，抽象思维还处于较低的水平，所以取“有”字半边而成的“亡”也是最早出现的字符，此时人的空间认识仍是基于对实有存在直接的感官认知，非实体空间存在的意义在于它标示了实有事物的缺失。而后由舞字初文分化出的“無”则代表人相信某种无法直接感知的事物的存在，对其赋予重要的意义，并试图将它与实有事物建立有规律的关联，“無”虽然仍是“有”的一种存在形式，但却没有物质形体，是抽象思维向前发展的重要一步，此时的空间环境也被分为了有形有质的“有”与无形无处的“無”两个相对的体系，二者本质近似；最后出现的“无”则标志着一个完全不同于实有空间的、纯粹观念性的空间层次的出现，人的抽象思维能力达到了相当的高度，事实上，绝对空无观念的形成本就是人类进入文明大门很长一段时间之后的事，比如数字0是在9世纪时才首次出现于印度。

### 2.2.2 庄子哲学的“虚室生白”

“无”及其衍生的概念网络在中国传统哲学史上的重要地位无须赘述，那么，如何通向如此境地？《庄子・人间世》中孔子向颜回解释“心斋”的对话道出了“白（即道）”的获得途径，对中国传统艺术审美、空间经营方法等产生了关键的影响。

孔子的答语中首先阐明了耳、心、气的区别：“耳止于听，心止于符。气也者，虚而待物者也。唯道集虚。虚者，心斋也”。这三者分别代表了三种求道的方式及所得到的三个层面的结果：耳的作用止于聆听，如实地接收、记录外部信息；心的作用止于感应现象，是融合了情感、经验的认知过程；而气则是以自身的虚空来接纳外物，陈鼓应认为气即空灵明觉之心。因此，孔子的教诲是“若一志，无听之以耳，而听之以心；无听之以心，而听之以气”，成玄英疏中解释了这样做的原因：耳根虚寂之后则不会凝集宫商之音，反而可以听见没有声音的“大音”，凝心聚神；而心也是有知觉的，会受缘虑之绊，所以要以无情虑、无知觉的虚柔任物之气来通达玄妙。在耳、心、气三者中，庄子推崇的显然是气，因为气虚以待物的特质才符合所谓“心斋”。

而后庄子明确提出了“虚室生白”，对于设计研究而言，这一说法的重要性在于其方法论上的启示。“白”在此即“道”，也就是与前文所述“无”同属观念性空间的一种根本性质的存在，需要说明的是，它并不是某种具体的道理或者说法，而是“至道集于怀”的状态、被观照之后生成的世界。那么可以生出白的“虚室”有两种解释的可能：一是“虚的室”，虚作室的形容词，陈鼓应先生便是将“虚室”译作空明的心境；然而虚还可以作为动词，“虚室”译作“虚其室”，使心室虚空的动作。对于此句，郭象注“夫视有若无，虚室者也。虚室而纯白独生矣”，前句中的“虚室”名词的属性还很明显，但后句中“而”的连接则突出了“虚室”的动作意义，使室虚的动作导致了纯白的产生；成玄英疏中则直接以“虚其心室，乃照真源”明确了“虚”在此句中作为动词的使用方式；冯友兰在《中国哲学史》中将心斋解释为“除去思虑知识，使心虚而‘同于大通’”，同样是将“虚”作使动词，他还特别指出在此种境况中所获得的是“纯粹经验之世界”。由此可见，“虚室”的动词意义是更被认可的。其实“心斋”与“虚室”都有着明显的动作涵义，即“斋其心”“虚其室”，因而具有了方法论上的指导意义，郭象注中将虚以待物解释为“遣耳目，去心意，而符气性之自得”，这正是“生白”的途径。

这种理念对传统艺术审美最为直观的影响是促生了各门类对创作主体“虚静”状态的普遍推崇。刘勰《文心雕龙·神思》中有：“贵在虚静”，认为艺术创作者需要摆脱一切物欲和私利的束缚，使感知不受任何纷扰，由此便可进入玄妙空虚的状态，只有在这种状态下才能真切地感知、认识万物从而酝酿文思；司空图《二十四诗品》中将“自然”作为一品，开篇句即是“俯拾即是，不取诸邻”，同样认为文思是在俯拾之间自然而生的，无法刻意地从旁物中取得；明代李日华在《竹嬾论画》中对比了作画时的两种心境：“必须胸中廓然无一物”，然后烟云之秀色乃现，天地生生之气乃出，笔下才能幻化出奇绝诡谲；相反，若是“营营世念，澡雪未尽”，即便日日对视山川丘壑、日日临摹先人妙迹，到头也只是拙工次品。类似这样的说法在历代艺论中比比皆是，创作主体虚静的身心状态成为获得妙、空、玄、逸等被艺术评论尊崇的作品特质的关键，石涛在论“脱俗”时说“心淡若无者，愚去智生，俗除清至也”。

## 2.3　传统艺术中表象之白与观念之白的关系辨析

一张白纸看来只是一张白纸，看来看去仍是一张白纸。纸只有着上墨，才有空白可言。

——彼得森（Will Petersen）

### 2.3.1　表达介质介入

中国传统哲学、美学中的虚白是“自然”而生的，老子崇尚自然无为，庄子将“气”解释为“虚而待物者”，郭象的注中也说“虚以待物”，一个“待”字便鲜明地点出了主体的态度，所以传统哲学，尤其是《庄子》及受其影响的哲学论著中，虚白之境并不是主体因循着某种念想刻意追求、最终按预期获得的，它是一种虚其心室之后自然而生出的思想境地。

然而不可否认的是，当纯白这种存在于纯观念性世界中的认识需要向主体以外的个体（这个观者也可能是主体自身）进行表达时，还是须借由一定的介质，可以是抽象的文字、图画符号，也可以是实体的园林。而为了创造这种介质，作者也必须要有所作为，即在一定意图导向下对介质材料进行明确的安排组织以使其能够成为显现“虚其室”动作的载体，也令他人能够借助对介质的解读获得与作者相似的“白”或“道”这一层面的精神体验，在这个意义上，这种需要向观众传达的创作行为必然具有一定功利性（图2-7）。

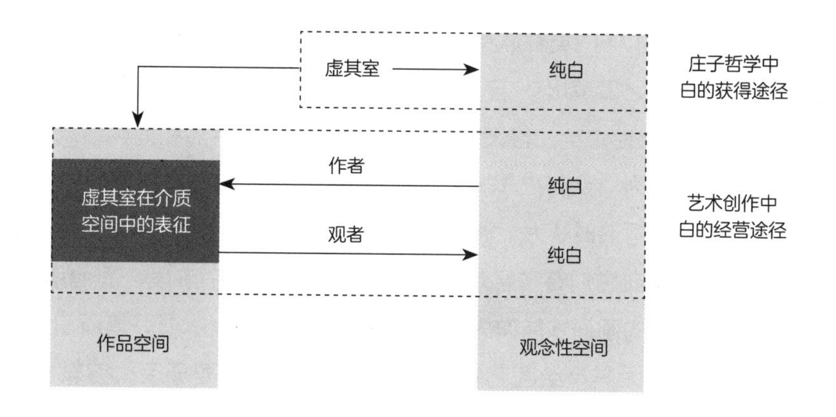

（图2-7）

### 2.3.2 整体的自然世界

**咫尺之图，写百千里之景。东西南北，宛尔目前；春夏秋冬，生于笔下。**

**——（唐）王维，《画学秘诀》**

庄子哲学中获得“白”的途径是“虚其心室”，虚静的心境呈现于艺术创作中，便是作品空间中元气激荡、生机勃勃的整体自然世界（哲学语境下的“自然”，非景观中的“自然”之意），它是观念性纯白在作品空间中的表征。

《衍极》中记载了东晋书法家王献之会稽山遇异人的故事，王献之问他姓名、来处和学派，他回复的首句便是“吾象外为宅”。朱良志认为这个回答很有象征意义，指出了中国艺术中存在着的两个世界：一个是可见的由线条、语言等构成的；而另一个是未见的，是作品的艺术形象所隐含的世界——前者是“象”，后者可称为“象外之象”。画论《古画品录》中，谢赫对于被列入第一品的画家张墨、荀勗的评述中有这样一句：“若拘以体物，则未见精粹；若取之象外，方厌膏腴，可谓微妙也”；《宣和画谱》也给予墨竹画等“独得于象外者”很高的评价。所谓“象外”，就是由虚静而生的整体的自然世界，是表象世界的始源，是庄子所说的人“堕肢体，黜聪明，离形去知，同于大通”的境界。这个整体的自然世界其实是人从内里对表象世界加以观照，将其内化而生成的一种本然的表达，物与我、物与物之间没有界限也没有分别，所以“空故纳万境”。

图2-7　庄子哲学中白的获得途径与艺术创作中白的传达途径的对比分析

中国传统艺术各门类融通特征形成的主要原因之一，就是共通的向这一本源的探求，荆浩曾借石鼓岩间叟之口道出："子既好写云林山水，须明物象之源"；《文心雕龙》全书开篇一句便是："文之为德也大矣，与天地并生者"。石涛在《苦瓜和尚画语录》中反复强调"一画"的概念，将它定位为"众有之本，万象之根"，认为绘画的本质是"以一管之笔，拟太虚之体"。于连在分析石涛画论时认为，画家所"尊受"的，是万物从不可见且无差别的本原而生、逐渐成形的过程，是在它们有了客观的具象形态之前的一个阶段，而他所画的，也正是这个阶段。正因如此，有限的画面才能作为无限自然世界的载体，本节开篇所引王维之语才得以成立。这也是传统艺术，尤其是绘画艺术不重于具体之形的重要原因，苏轼"论画以形似，见于儿童邻"便是最分明的评判，欧阳修直言"画意不画形"，倪瓒也特别强调自己作画只在于抒发胸中逸气而"不求形似"。

倪瓒《容膝斋图》可以作为一个经典的案例，它是倪瓒"两山隔一水、近景有石树"的构图方式的代表，值得关注的是近景中四方的草亭，它以素简到无法再简的形式出现，亭中空无一物，但却是全幅的画眼所在，是所谓"心斋"在作品空间中的集中表征。画成后两年倪瓒在画上作了题诗，诗中描绘了一派疏野闲放的景致，虽然诗中有春风、杏花、小斋、池鱼、林、竹等，但这些却并非对真实景物的描绘，而是那个由草亭点化的纯白世界。倪瓒曾在一幅画跋中写道，他所画的竹子"聊以写胸中逸气耳"，所以根本不必计较于叶的繁与疏或枝的斜与直，甚至他人视为麻、芦，他也不愿强辨为竹，正是因为逸气所在本就是一个不受形质束缚的精神世界。

### 2.3.3 黑-白、虚-实与纯白之别

作为观念性纯白表征的自然世界最终还须通过直接显现于作品表象的黑和白进行表达，艺论中出现频率极高的"白""空""虚""无"等词皆是关于这一创作过程的探讨。这几个词看似十分相近，也常常被混用，但其实它们的词义还是存在差别的，甚至不同语境下同一词所指向的内容也会出现非常大的差别，必须结合具体的语境进行辨别。

清代孔衍拭一段论作画取神之法的话是分辨这几个词涵义区别的极佳材料：人人皆能够画树、画石，然而画中笔致的缥缈之效却全在于云烟之处，云烟能够将树石联贯起来合为一体，是画之精神所在；山水树石是画中的实笔，云烟是画中的虚笔；用虚处经营实处，实处也是虚处，从而能够达到通幅皆有灵气的效果。这段话中实则出现了三个层次的空间：树石、云烟是有具体内容与明确界线的，分别属于表象作品空间的纸面之黑与纸面之白；但是在虚笔-实笔以及虚处-实处的体系中云烟成为前者的代名词有了另一层涵义，即贯通全幅的虚灵之气，气不仅在于纸面白处，更在于纸面黑处，它使画中世界成为一个元气激荡的整体，所以孔衍拭才会认为云烟是将树石"合为一处者"，含有云烟之灵气的树石才会由实处转化为了虚处；最后，通幅的灵气指向了观念性的虚白世界，这段话"取神"之题正是此意（图2-8）。

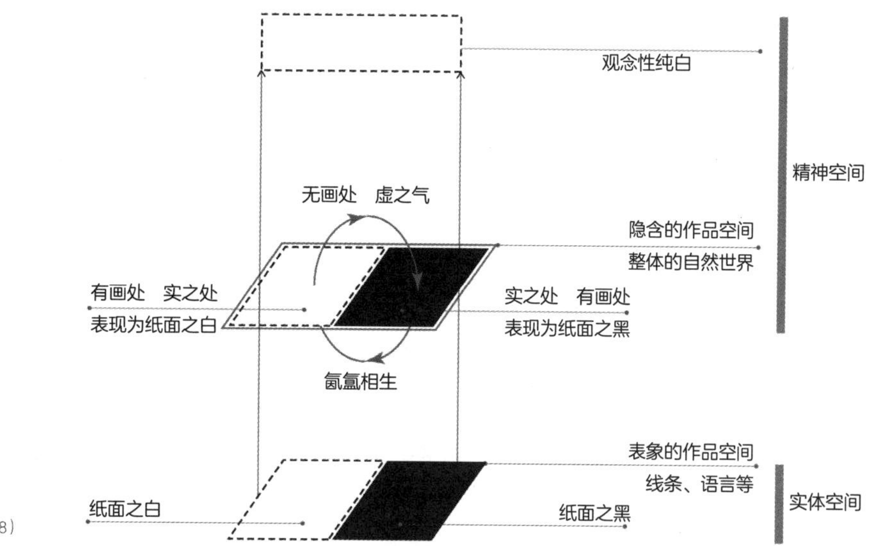


（图2-8）

英文的对应关系或许可以提供一个更为清晰的对照：表象作品空间中纸面之白是视觉效果上笔墨未及之处，即blankness，表示一种客观的性状，纸面之白与纸面之黑共同构成了画面的实体；孔衍拭所说使画面空间合而灵的虚笔、虚处对应的是emptiness，它借由实而生，与其共同构成了一个不可分割的整体，类似于阴-阳的关系，所谓"虚处非先从实处极力不可"；最后源于庄子哲学的纯白世界可对应void，它更偏重于观念性，禅宗之"空"也多取此译法，虚实相生的自然世界是观念性纯白在作品空间中的表征。

### 2.3.4　贯通全幅的虚灵之气

在大部分情况下，画论中使用的空处、虚处、虚笔、无画处等说法皆是第二种涵义，也就是融于黑处与白处、贯通全幅的虚灵之气，所谓"无笔之笔气也，无墨之墨神也"，气是连接作品空间之白与观念世界之白的关键，其古文"炁"字便是例证。法国当代汉学家于连（François Jullien）出版于2003年（中译本出版于2017年）的著作《大象无形：或论绘画之非客体》（*La Grande Image n'a Pas de Forme ou du Non-objet Par la Peinture*）是当代西方学界关于中国传统哲学"无"的概念体系以及绘画艺术中"虚白""虚实"等问题重要的研究著作之一。该书指出中国传统绘画中的空白是一种"非描绘（de-piction）"创作的表现，它产生于形体"之间（between）"，源指"the disindividuated undifferentiated fount"，也就是"太虚（the

图2-8　黑-白、虚-实、纯白等关系分析图

great void）”，所以创作的核心是以笔运气，追求整体的“效力（efficacy）”。

清代沈宗骞这样阐释过“气”的作用：天下万物本就是气所积聚而成的，重岗复岭、一木一石，“无不有生气贯乎其间……合之则统相联属，分之又各自成形”，说的是各构成元素分开时各自有各自独立的形态，但排置在一起时则成为一个由虚灵之气贯通相连的整体。中国传统艺术偏重于全局的特性也主要是因此而产生的，李约瑟（Joseph Needham）曾说：“在希腊人和印度人发展机械原子论的时候，中国人则发展了有机的宇宙哲学”。清代华琳有言“（画）通体之空白亦即通体之龙脉矣”，气不仅为绘画、文学、音乐等艺术门类所重视，中医、武术等关于人体的实践领域中也以气为基础，经络之说将人体视为一个整体，认为“气之通畅而百病除，气之淤积而百病生”。可以用于对比的是达·芬奇以解剖研究人体之法：“我为了获取关于这些血管的知识已经解剖了几十具尸体，把各种器官全加分解，把包围这些血管的纵使是最细微的肉屑也剔除干净……我为了要发现差别还把这重复了两遍”。

### 2.3.5　纸面之白对观念之白的意义所在

由此可以得出一个基本的关系：观念性纯白在作为表达介质的作品空间中呈现为一个生机勃勃的整体自然世界，这个世界形成的关键在于贯通纸面黑与白的激荡之元气。所以，纸面之白的重要性在于它是虚灵之气必不可少的载体的一部分。

也就是说，传统艺术中对纸面之“白”经营的重视并不是出于对其本体形状、位置的关切，而是因为它与“黑”一同成为流动之生气的载体，只有黑白同时存在并激发虚灵之气时，白才具有意义，本节开篇所引彼得森所言正是此意。可作佐证的说法来自于明代诗人、书画家李流芳，他在谈及画雪之法时说，古人在画雪时常以淡墨为树石，凡是天空、水面的空白之处则均用白粉填充，他认为以粉填与以墨填都只是在求形似，而“下笔飒然有飘瞥掩映于纸上者，乃真雪也”。唐岱也说“若用粉弹雪以白笔勾描者，品则下矣”。这里雪之“真”就是以飒然聚气之笔墨成就的，而非更似雪之态的纸面之白处。一个可用于类比的例子是京剧表演艺术中的虚，宗白华在《中国艺术表现里的虚和实》一文中将画论中的虚实关系对应于其中，分析了其中独特的、利用减省的舞台布景与演员灵活运用程式和手法来使“空景现”的传统，显然空景出现的关键也在于贯通整体之气韵，而非被减省的布景本身。

所以，纸面之白处并不是气唯一的表征和居所，它必须与表现为笔墨的纸面之黑共同发生作用，“黑”是必不可少的。那为什么艺论中强调“白”者远远多于强调“黑”者？笪重光撰《画筌》中有一句关于“白”之经营的经典之语：“虚实相生，无画处皆成妙境”，王翚、恽格评道，人们只知道有画的地方是画，却不知无画的地方皆是画，画之空处才是全局的关键之处，即虚实相生之法。这里画之空处指的是纸面之白，但它成为全局所关的前提条件是它作为实体的一部分与虚灵之气相融相生，如此强调纸面之白的原因在于“人多不着眼空处”，因为人们总是认识不到或者忽略它在妙境之形成过程中的重要性，所以特别指出。另一个例子是乔迅（Jonathan Hay）关于石涛对空白使用的研究，其中写道“（石涛在南京时）对于有助营造气氛的大片留白兴趣浓厚”，显然，石涛对画面大片留白的兴趣是源于它助于气氛营造的功效，而气氛正是一种十分典型的整体特性。

### 2.3.6 以马远《华灯侍宴图》为例

马远主要活动于南宋光宗、宁宗、理宗三朝，任画院待诏，出生于被称为“佛像马家”的绘画世家。马远无疑是马氏家族中绘画艺术成就最高的一个，他“不但兼长祖先们传下来的山水、人物、花禽、佛像各科的绝技，并且对于上述的每一画题都有重大的创造性的改革”。《华灯侍宴图》（图2-9）是马远所作的一幅介于山水与界画的作品，画幅中2/3的空白极具视觉效果，是“马一角”式构图的典型之例。本节将采取另一种视角，从画中题诗入手解析画作中虚白的经营方式。

1．画作内容考证

尽管现存史料中并无马远本人或他人关于《华灯侍宴图》创作的记载，但画作本身，尤其是杨皇后具有“参与性创作行为”性质的题诗便是最直接而可信的材料。诗曰：

朝回中使传宣命，父子同班侍宴荣。
酒捧倪觞祈景福，乐闻汉殿动欢声。
宝瓶梅蕊千枝绽，玉栅华灯万盏明。
人道催诗须待雨，片云阁雨果诗成。

（图2-9）

图2-9 《华灯侍宴图》现存正本
（图片来源：中国台北故宫博物院藏），作者改绘的画心部分与去印章画心部分对比图

此画为敕作无疑，即奉旨而作，旨意的内容是让画家记叙一次皇家盛宴，盛宴的主角除了皇室成员还有“同班侍宴荣”父子，他们也极可能是画作将赐予的对象。关于画中所绘的宴会主题及侍宴父子身份，李慧淑在其耶鲁大学博士学位论文《杨皇后的治地（1162-1233）：南宋宫庭的艺术、性别和政治》（*The Domain of Empress Yang（1162-1233）：Art，Gender and Politics at the Southern Song Court*）中基于对南宋宫廷的基本情况及杨氏家族历史的考证认为题书者为杨皇后，画中三个站在宫内的男子是杨皇后的继兄杨次山以及他的两个儿子杨谷、杨石，宴会地点是凤凰山上杨皇后的慈明殿，殿外庭院是相邻的后苑，中国台北故宫博物院的官方录述也持相同观点。爱德华（Rechard Edwards）在《马远的心境——寻踪南宋审美》（*The Heart of Ma Yuan：the Search for a Southern Song Aesthetic*）中以李慧淑的论证为基础进而将此画断代于三人同任要职的1207~1219年。尽管诗中并未指明宴会发生的时间，但画中绽放的宫梅将其锁定于冬末早春。中国台北故宫博物院何传馨主编的《文艺绍兴——南宋艺术与文化特展》书画卷中依“玉栅华灯万盏明”与吴自牧《梦粱录・元宵》中“悬挂玉栅，异巧华灯，珠帘低下，笙歌并作”相契合而推测宴会应是上元灯节庆祝活动的一部分。杨皇后自己的一首宫词中也出现过“元宵时雨赏宫梅”的语句，其中雨中赏梅的情景与《华灯侍宴图》中所描绘的景象高度吻合，因而画中宴会极有可能发生于上元灯节皇家庆典之时。

2．“待雨成诗”的画眼解析

尽管马远奉旨以绘画的形式呈现此次宴会的盛景，但这绝对不会等同于拍摄一幅空中俯瞰照片，画家着力呈现的不是对某一时刻场景单纯的记录，而是对事件、空间一种整体性的概括与理想化的描写，如巫鸿所言，“在尚未下笔之先，绘画再现和历史事件之间的距离就已经由画家做出了决定”。《华灯侍宴图》的政治意味是不言而喻的，画作的第一要务是彰显皇家的威严睿智、为其服务效忠的杨氏父子的荣宠以及宴会甚高的格调，如何通过场景描述达到如上目的才是此画真正的命题。

在杨皇后的题诗中，首联“朝回中使传宣命，父子同班侍宴荣”清楚点明了宴会主题，交代了画作的主人翁是担任要职、奉皇命入宫侍宴的杨家父子，在画中他们被安排在宫殿的当心间，右侧一男子体型略大面向殿中，左侧两男子画法相似呈拱手作揖状；“酒捧倪觞祈景福，乐闻汉殿动欢声”是对宴会室内人物活动的全景式描写，庆祝活动包括祝酒、祈福、乐舞等，一派欢歌笑语的热闹景象。颈联“宝瓶梅蕊千枝绽，玉栅华灯万盏明”转向了对物的描写，值得注意的是，这几样物将

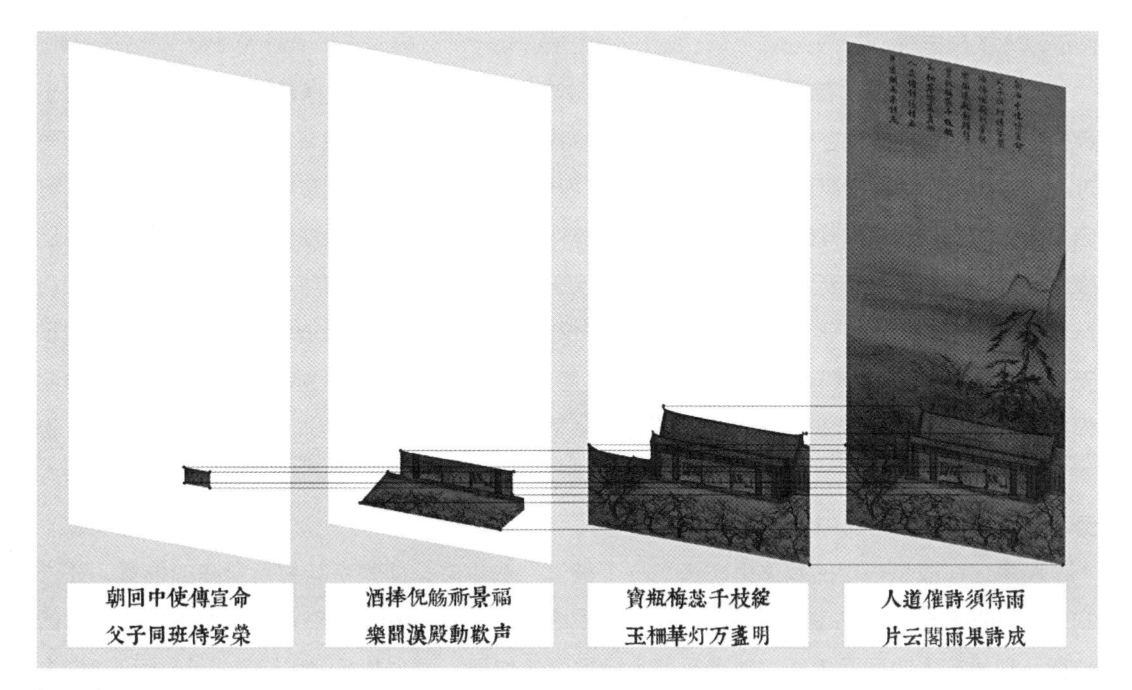


（图2-10）

视线引向了殿外：从屋内布景的宝瓶插梅到屋外环绕宫殿绽开的千枝宫梅，万盏华灯的光亮从殿内照到玉栅再延伸到屋外的庭院，使庭院中的宫女和宫梅可被观赏，画中所展示的，是一个被“华灯”照亮的世界。题诗至此都是对事件、场景的直观描述，尾联则道出了立意所在，并将视线推到了屋外消弭于暮色笼罩的烟雨之中，也就是占据画面大半的纸白空间（图2-10）。

“人道催诗须待雨，片云阁雨果诗成”可被视为此诗点睛的诗眼，也是整幅画作意境之关键，取自唐代诗人杜甫《携妓纳凉晚际遇雨・其一》中“片云头上黑，应是雨催诗”诗句。这里值得深究的是成诗过程的描述——人们常说须待雨来催成诗作，于是雨来了，诗自然也就成了——凸出了传统美学对“自然”的推崇，与庄子哲学“虚以待物”有着显见的相通之处。其实当晚是否真的下了雨，是否只是山间潮湿空气引起的错觉，抑或这根本只是一种说辞，对作画来说并不是问题，因为重要的是“雨”在此情此景之中作为诗以及虚境之引子的意义。虽然名为《华灯侍宴图》，但画作并没有将大量笔墨用在对宴会的隆重场景具体的描绘之上，而是以“待雨成诗”为立意，将2/3的画幅留为空白。这样的巧思不是孤例，马远的同代人陈善在《扪虱新话》中举了这样一个例子：唐人有诗句“嫩绿枝头红一点，动人春色不须多”，听闻曾以此句为题令画工作画，众人竞相在花卉上妆点、显示春色，但均未中选；仅有一人“于危亭缥缈隐映处，画一美妇人凭栏而立”，众人皆佩服，陈善认为这就是善于体察诗人之意的画法。

3．画面空间的黑-白、虚-实关系分析

纵览画面的笔墨布置，以宫殿为主的近景景物集中于画面的下1/3处，画面中部是极朦胧的远山和云海，上部几乎完全是空白，仅以题诗界定了上边缘——空白的部分要远大于笔墨所及之处。画面下2/3部分的对角线几乎分割出了黑与白两大部分，上下水平向结构线则保持了

图2-10　题诗的四联所分别描述的景物分析图

画面基本的稳定性。

与磅礴的北宋山水有别，《华灯侍宴图》放弃了整个山水场景的搭建，仅以寥寥数笔勾出远山的轮廓，象征性地交代了群山围绕的环境特征。宫殿建筑似乎被有意夸大占据了近景画面近一半的面积，殿前的平台和梅树清晰可辨，殿内与殿前的地面是近景中面积最大的空白，可归为内容与边界都非常确定的实白；殿后的竹林笼罩于暮色之中开始变得难以分辨，其后更是朦胧一片只能勉强看出远山一角的轮廓，中远景中的空白是典型的虚白，可以是缭绕的雾气，可以是缥缈的烟雨，无形无状又缠绵流转，不仅拉开了画中景物的远近层次，更将空间推向了无尽的远方。由上文分析可知此处虚白正是“待雨成诗”画题表现的关键之处，因而也成为全幅的画心，画家不仅给予了它最中心的位置，更使斜向的虚实分割线，也就是经过远山、松树、竹林的轮廓线呈现为一道向右下弯曲的弧线，从而对中心形成一种向内聚的“捧”的态势，将观者的视线引向中心（图2-11）。

画家还在故事内容的叙述上塑造了一个被遮挡的中心，即皇帝与皇后所在的位置。在长111.9cm的画中，散布着26个人物，其中最大的也不过1.6cm高，然而这为数不多的人物的位置及视线布置对画面主题的塑造起着十分重要的作用。画中共有4组人物：当心间的3位主人公及3个女子，左右稍间的两对宫女，屋前平台上持杖鼓翩翩起舞的16个宫女。这几组人物

（图2-11）

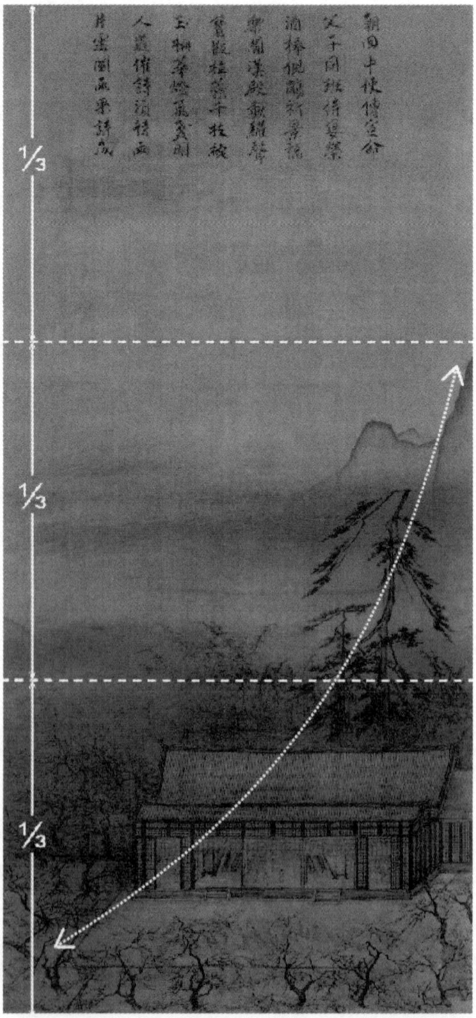

1/3

1/3

1/3

看似没有直接的互动关系，但若将人物从画面中分离凸显出来，便可发现一个由宫女们围合而成的明晰的弧状结构，三位主人公站立在中心线上，该弧线的圆心所在正是被隐藏的宴会中心，也就是皇帝与皇后所处的位置。而从人物朝向及视线分析图中可以看出左右稍间的宫女虽然是两两互动的，但最外侧的宫女仍旧分别把视线引回了中心。屋前平台上起舞的16个宫女被分成3个一列、左三列右两列的阵势，视线交汇点也是当心间的主人公。这几位主人公则全部朝向观者不可见的殿内深处的宴会中心作拜谒状。3位主人公中右边体量最大的一个很有可能是父亲杨次山，他几乎完全背向观者而正与殿内的皇帝、皇后进行交流；殿外的宫女都遵循着左右对称、三个一列的舞蹈阵型朝向殿内，居中的一位却十分例外地背对宫殿面向画外观者的方向，于是通过他们的视线，作者又巧妙地将画里画外的空间串联了起来（图2-12）。高居翰对此画的评价揭示了作者的用心，“从一个活动的侧面，我们可以推测整个事件”。

除了人物，宫殿内部的家具陈设及周边的环境也都在指引着宴会的

（图2-12）

图2-11　画面黑白关系布置分析图
图2-12　人物关系布置分析图

中心所在。对称摆放的红帷、坐屏、长条几案在俯视的视角下向内收聚指向殿内，梅树近处清晰可辨的枝桠与开阔的平台构成了画面中黑白对比节奏最为集中、紧密的片段，是最容易吸引视觉注意力的地方——也正形成了“环抱”宫殿的态势。屋后松树枝干的趋向，甚至远山的线条也在将视线引向殿中。正如爱德华对此画的描述，“富有生机的墨线是马远的一大艺术特色，梅树的枝条也翩翩起舞，融入身后的乐宴，轻轻点出的竹叶优雅地飘入黑夜，粗笔拖出的渐淡的松枝向下倾斜直指宴会中心，朦胧的远山也在呼应着这种动势”。

## 2.4 中国传统文人园林中白的辨析

**清代画家张式所著《画谭论画山水》中有句：“空白，非空纸。空白即画也”。陈从周先生曾引之评曰：“予云造园亦何独不然，其理一也”。**

### 2.4.1 园林与诗、书、画等艺术的相通性

中国传统文人园林与诗词、绘画、书法等艺术门类关系密切，与它们不同的是，园林艺术创作的材料是石、水、木、土等物，创作的结果是多维的实体空间。然而造园活动似乎并未对这一差异作出特别的反应，而是几乎完全地沿用了哲学与艺论（尤其是画论）所确立的审美原则与经营方法。童寯先生直言：“中国造园首先从属于绘画艺术，既无理性逻辑，也无规则”。清代钱泳《造园》篇首句便说“造园如作诗文”。事实上，极强的融贯与相通性也是中国传统艺术的整体特质。

最为直观的，是创作者身份的多重性。陈从周在《园林与山水画》一文中指出，著名的造园家几乎皆工绘事，而画名却被园林之名所掩为多。中国古代建筑史上最重要的著作之一《营造法式》的修撰者李诫、中国古代园林史上最重要的著作《园冶》的作者计成都被认为具有较高的绘画、书法造诣。明代程俱《北山小集》中收录的北宋傅冲益为李诫题写的墓志铭，称颂了他书法、绘画上的造诣：“（李诫）博学多艺能……工篆籀草隶皆入能品……善画，得古人笔法”。《园冶·自序》开篇第一句话便是“不佞少以绘名”，计成说自己最喜欢荆浩、关仝，常常临摹他们的作品，而曹元甫对计成所造园林的称赞也是“以为荆关之

绘也”。李诫、计成二人皆无艺作传世，这些说法的真实性已无从考证，然而他们生前均非因绘或书立生，墓志铭、自序这一类极为重要的生平记载中却如此强调，足以证明当时的社会环境对于绘画、书法、建筑、造园等艺术门类本质相通性的认可。

这种相通性形成的重要原因，在于各艺术门类都与哲学密切相关，都试图揭示或说相融于哲学所试图探讨的万物本初之态，如本书2.2.2节中所述的“自然的世界”。水墨写意画的鼻祖之一唐人张璪所著的《绘境》及其画作均失传已久，但一句“外师造化，中得心源”却对中国传统艺术影响至深。园林的创作也是如此，造园的目的绝对不限于单纯地营造舒适的住宅环境，中国园林与哲学的深度关联是因为园林除满足生活环境需求的基础功能外还在于锻造身心的最佳居所，显然只有哲学才能回答这个问题；而另一方面，中国传统哲学中终极性问题往往是生活化的，所谓“妙在日用中”，使居住生活环境得以成为进入哲学视域的认知路径。

### 2.4.2 整体的纯白世界

**你来到园林时，你就是一个点，这个点是有限的，但又可以延伸，由这一点推开到广远的世界、心灵与其缱绻往复的世界，由此无边的世界都囊括在此在的心灵中。**

**——朱良志**

中国传统文人园林是山水艺术理念在实体空间的践行，而“山水”则与观念空间密切相关。田晓菲在《神游：早期中古时代与十九世纪中国的行旅写作》一书开篇指出，东晋时期山水诗画的发端很大程度上就是一种内向而非外向的运动，人们对现象界的山水之兴趣并非源自对自然景观的兴趣，而是出于对内心世界新的重视，是个人心灵活动的外向延伸，因此，发轫时期的山水理念就是以“心眼”而非“肉眼”观看而得。传统园林极为讲究“意境”，意境就是因心眼的观照而生的有别于肉眼观看而得之景，是人以精神将景物内化的结果。周维权先生在《中国古典园林史》中将意境阐释为“创作者把自己的感情、理念熔铸于客观生活、景物之中，从而引发鉴赏者之类似的情感激动和理念联想”，这正是对此内化过程的描述。

命名就是一种典型的将景物内化的方式，题名是传统造园过程必不可少，甚至是最为关键的一步。司马光所著的《独乐园记》用近一半的篇幅来对园内各景点布置关系进行逐一描述，但每说完一处，便会有“命之曰：‘×××’（读书堂、弄水轩、钓鱼庵……）”。《红楼梦》中大观园竣工时最具标志性的仪式也是命名，因为命名的过程正是将物质空间转化为观念空间的过程。正如安乐哲（Roger T. Ames）所指出的，题名有着“决定一个视角焦点、从而解释一个世界”的方法效力。对于园林的主人而言，园林就是一个世界，一个宇宙。中国传统园林素有“壶天”之称，“壶中天地”并不是一个如世界之窗一般由实物世界缩聚而成的微观世界，而是“融世界无边妙意的心灵之壶”，在这里真正的生活成为可能。前文曾以倪瓒《容膝斋图》为例，“容膝”是说这处亭斋面积小到仅能够容纳膝盖，但也正是这心灵之壶生出了一个纯白的世界。园林的命名也多有相似，勺园、蠡园、片石山房等均是典型。

### 2.4.3　表象之白与纯白的关系：以粉墙、水为例

在当代园林艺术研究中最常与留白相关联的园林构筑物就是粉墙。《园冶·掇山》“峭壁山”一节中有：“以粉壁为纸，以石为绘也”。粉墙在外观、造景上的用途与白纸十分相似，可作墙上或墙前摆置的奇石、盆景、曲藤、苔痕等的背景。粉墙之白，如童寯先生所说，“可巧妙地衬托出日月所射的竹影”；也如陈从周先生所说，“益显山石之紧凑峥嵘”。但是粉墙绝不仅限于背景的角色，王欣曾这样发问：它是被表现的对象，还是体验的结构或言背景？答案显然是后者，这里的白是容纳万物与之杂交互文的“虚白”，是允许自然在其上写写画画的“纸白”，他进而将白墙的环境性解读为：“水洗山色，开片冰裂，藤丝网罗，落影书卷，斑苔海墁”。所以，粉墙之白不在于自身颜色之白，而在于它在环境中的容纳性，给予了贯通全园之气息流动回转的空间。试想假若除去奇石、盆景、曲藤、苔痕，仅留一片干干净净的白墙，或是将园林中所有的白墙一月一漆，时刻保持着绝对的光滑亮白——意趣从何谈起？

另一个常与留白相关联的造景元素是水面，水是园林中形状最为淡弱、开阔的部分，常被认为是生气、灵气汇集之处。但是水面的这种效用须赖于它所处的整体环境，水面之所以能够作为留白之白，是因为水面与亭、榭、石、台、桥、廊等与其相亲的构筑物共同形成了园林的实体部分，其中精心组织的黑白关系激活了贯通全园的虚灵之气，从而指向了观念性的纯白、自然世界。前文曾多次以亭子为例，同理，亭子作为聚气之口的效用一样来自于它所处的整体环境，在绘画、园林经营中亭子常被置于水畔、平野、山巅等视野开阔之处，这样做的目的正是对它所处环境黑白关系的整体布置。换言之，单有水面或单有建筑物，都无从形成意境，拙政园中部现存的园林布局就是水面与建筑二者整体关系的佳例。

### 2.4.4　以拙政园（明中期）为例

拙政园始创于明代中期，位于苏州娄门与齐门之间的东北街，中部、西部和东部园林占地面积约5hm$^2$，是中国古典园林中江南私家园林的代表之作，有“吴中名园惟拙政”之称。拙政园明中期的空间形态已不可考，本节将以现存史料为基础，尝试推测拙政园初建之时造园者的经营之意。

### 1．园名立意的众妙与养拙

拙政园的创园者为王献臣，据《明史》记载，王献臣祖上为吴人，跟随锦衣卫任职的家人隶籍锦衣卫，明弘治六年（1493年）举进士，由行人提升至御史的职位。王献臣在巡察大同边境期间为官耿直，勇于揭发地方官吏的不当行径，颇受皇帝赏识。然而这样的行径很可能得罪了东厂，致使王献臣在此后近十年间屡受东厂诬陷，被贬官职，最终于正德五年（1510年）辞官还乡。王献臣的同代人王宠写有一篇《拙政园赋》，文中描述王献臣在面对仕途的苦难时“茫然若遗，逍遥以嬉”，尽管仕途的挫败是王献臣罢官归乡并兴建拙政园的重要背景，但不应否认的是，王献臣在为官期间确实受到了朝廷的重任并且取得了卓越的政绩，能够置地修建拙政园并使父母因自己而得封的史实就是力证，同时也反映出他对家业所作的贡献。

文徵明与王献臣早年便已相识并一直有持续的书信往来，王献臣归居苏州后文徵明作有多篇内容涉及其园池的诗作，据王稼句考证，成文于正德十二年（1517年）的《寄王敬止》中首次出现了“拙政园”的名称，但此前王献臣已向吴中诸位名士问求过园名，遗憾的是现存资料中没有发现关于题名人的记载。

据考证，拙政之名取自潘安仁《闲居赋》，王宠的《拙政园赋》中说王献臣十分偏爱《闲居赋》故而“附于拙者之政”，文徵明《拙政园记》也印证了这一点。比附古人所言来寄托自己的志向是传统艺术创作中颇为常见的现象，归隐田园是其中的一大类别。西晋潘安仁不仅因相貌俊美而留名，更有《闲居赋》《秋兴赋》《悼亡诗》等文传世，其中《闲居赋》是他赋闲在家时所写，文中详细描绘了一幅“筑室种树，逍遥自得”的生活图景，赋尾以“仰众妙而绝思，终优游以养拙”点明主题。萧统《六臣注文选》中有注“铣曰：众妙，则老子云众妙之门也。绝思者尽心于此以养其拙岳，复谦词也”，指出潘安仁此处所述的处世之道与道家思想的关系。

几乎可以肯定，王献臣对《闲居赋》喜爱之情的产生绝非出于对其中大篇幅描绘的园居生活的喜好。他究竟是受之影响，力求以园林之养拙而得众妙之道，还是仅仅出自于辞官后对自己不擅为官发出感慨？显然这个问题的答案早已淹没于历史之中，但这样一座在苏州城文人圈内颇具影响力的园林得名“拙政”，确在一定程度上反映出当时人们的某些审美与价值取向。然而略具讽刺意味的是，《闲居赋》虽是淡泊名利、归隐田园的典范之作，但潘安仁本人却终因参与政治斗争而获罪，甚至被夷三族，所谓“优游养拙”仅停留在了文字之中，而取之立意为园名的拙政园的兴建，也取决于王献臣卓越的政绩与雄厚的财力。

### 2.《拙政园图》中空间关系分析

如此“拙政”之理想是怎样落实到真实的园林空间之中的？拙政园初建之时的风貌已无从考据，但与园主人王献臣交好的著名文人文徵明所作的《拙政园记》、附诗的《拙政园图》是流传至今的关于拙政园造园意图与成果的最重要的记载，顾凯甚至认为文徵明很有可能参与了拙政园的营造策划。

初建时园内清明疏朗的整体气质是肯定的，刘敦桢先生将园记、图中景物与现状作了简要对比，认为“明中叶建园之始，园内建筑物稀疏……近乎天然风景”；周维权先生也总结道：“当年以植物之景为主、以水石之景取胜，充满天然野趣……若与今日相比照，那一派简远、疏朗、天然的格调是显而易见的”。文徵明的《拙政园记》对园内景物的位置与名称作了详细记录：“凡为堂一、楼一、为亭六，轩槛池台坞涧之属二十有三，总三十有一”，《拙政园图》的每一幅便分别与这三十一景相对应。这三十一景中建筑物一共只有八座，六座是没有墙壁封闭的亭子，均采用简朴的茅草屋顶。顾凯据此绘制了初建时拙政园的平面布局示意图，从中可以看出，这些为数不多的构筑物基本上是零星地散布在园林空间中的，主要是供人停憩、观望之点。

图册中有这样两页，一幅画的是槐雨亭，一幅画的是水花池，尽管画面中景物大小有别，但画中内容却非常相似，都是一片水面、一座临水的茅草亭，亭旁有高树土丘（图2-13）。值得注意的是，两座亭内均画有以十分恣意、舒适的姿势倚靠而坐的人，而且人的脸部都朝水面、往远处观望。两幅分别描绘亭与水的画作出现如此高的相似度不应被单纯地归为巧合，与平面图相对照便可发现作者作画时进行了大幅删减与更改，对空间进行了有意的重组，所以这样的内容安排反映出了文徵明心中理想的园林景致。画亭时有水、画水时有亭的理想布置印证了前文关于亭与水在引发观念性纯白过程中的作用，实体园林空间中呈现为黑的亭与呈现为白的水面形成了一个不可分割的整体，人的停憩与观望激活了这个错落有致的空间，由此生成了那个纯白的自然世界。

（图2-13）

图2-13 （明）文徵明《拙政园图》之槐雨亭、水花池

## 2.5 日本枯山水中白的辨析

### 2.5.1 寂静的世界

**没有什么比寂静更能表现无限空间的感受了……声响的缺席让空间变得纯粹，广阔、深邃、无限的感觉在寂静中把我们紧紧抓住。**

——博斯科（Henri Bosco）

枯山水与文人园林一样是在三维空间中对理想化自然进行仿造，但二者在外观上却有着明显的差异，朱良志在《枯山水与假山》中分析道，“枯山水妙在寂，中国的假山妙在活……无一物者无尽藏的哲学，是枯山水创造的基本思想”。

日本书化与中国文化同源，一样十分推崇“白”的理念，日本僧人设计者枡野俊明曾将造园中的留白解释为“不施设计、不加特别干涉”，并引禅宗“不立文字，教外别传”的教义进行解释，他认为源自于禅宗思想的留白是日本美学、日本传统艺术以及包括于其中的造园艺术的基本特质，同时也反复申明，留白没有具体形态，不能用数学表达，也很难解释明白，“是作者多年对美学研究探求所得的成果”。“无一物”在枯山水中极致的表现就是作为基底铺满庭院的白砂，它不仅没有颜色没有生机，还呈现出细小、匀质到几乎抽象的状态，突出了微小的个体与无限宇宙之间强大的反差，从而引发深层的冥思。

但是，正如彼得森在研究龙安寺庭院时所指出的：“纸只有着上墨，才有空白可言”。若庭院中仅有白砂，那么它仅是一个盛满了白砂的庭院，只有在置入石头之后，才能成为一个寂静的世界。

### 2.5.2 置石与空

**物体与物体之间的距离会产生某种关系，其间这股看不到的张力，给人带来物体间的关联性。**

——枡野俊明

枯山水中最重要的（也基本上是唯一的）元素就是置石，以上是枡野俊明对日本造园中留白表征的说明，他认为能乐表演中演员形体的短暂停顿、书法提笔与落笔间的空处以及庭园里石头与石头的间隙等都是留白的典型例子。关于置石，日本当代另一位景观师大桥镐志（Koshi Ohashi）在一段视频采访中说：“枯山水，用一句话来说，就是感性的实体化，代表作者内心的风景……石头与石头之间的余白能让人感悟到禅宗所说的无的空间”，并强调要最大限度地挖掘石头内在的表情。

关于枯山水创作最重要的选石、置石环节，几乎所有的景观师都或多或少地提及亲自去料场选石、在现场推敲置石的经历。这并非仅仅是出于日本严谨认真的惯性传统，更重要的是建立人与石的精神关联、在整体环境中把控石头的位置，从而在石头与石头、石头与白砂的关系布置中走向那个寂静的世界，这也是置石存于景观中的根本意义。石组试图引发的是精神性的观想，并非仅仅关于典故、图像的记忆，“如果你倾向于诗意，你或许可以把石头想象为一个纯粹冥想的存在”。观者在面对这样的空间时产生关于自我、关于世界整体的沉思，与庭院的设计者在观念性纯白世界中发生共鸣。许多研究者都指出了直接的感官感觉和知识在石庭解读时的失效：齐藤忠一认为龙安寺的石庭仅凭看是不能产生任何共鸣的，它强调思考，维斯（Allen S. Weiss）则强调以凝视禅庭的方式获得顿悟，仰赖于纯粹的、将自然视为有机整体的直觉。

### 2.5.3 以龙安寺方丈庭院为例

**古池や蛙飞びこむ水の音。**

**——松尾芭蕉**

这是日本诗人松尾芭蕉作于1687年的一首俳句，也是被译为中文次数最多的俳句之一，本书无力讨论翻译问题，暂取直译：“古池，蛙纵水声传。”

龙安寺方丈庭院是知名度最高、被研究得最多的庭院之一，坐落于京都市西北，已作为京都古城历史建筑的一部分被列入世界文化遗产。龙安寺创建于1450年，历经多次火灾，现在的方丈建筑是1797年火灾后从西源院搬移至此的；然而庭院的修建时间、建造者姓甚名谁却没有定论。方丈庭院面积仅75坪（约250m²），北侧与建筑相接，西、南两面由高约3m的墙体围合。庭院内铺满白砂，无一树一木，15块置石自东向西以5-2-3-2-3的组合排置，置石及周边露出的土地上长有大量青苔，环绕置石的一圈白砂略有图案上的变化。

1．龙安寺置石的两种解读模式之争

作为方丈庭院中最主要的构筑物，15块置石的排列关系及设计意图向来是龙安寺研究中无法回避的议题，也是历史上被解读得最多的置石设计之一。第一种常见的解读模式是从个体元素出发来解读庭院的设计意图，众说纷纭的解读都着意于讨论“像什么”，并对庭院所摹状的对象进行搜寻。广受推崇的是海上仙山说，衍生自日本、中国传统造园中常见的意象，刘庭风认为石组象征着日本国土的平面图；另一流传甚广的是幼虎过河说，《都林泉名胜图会》（图2-14）图绘上便有皆川愿诗“宛似昔时渡溪虎，分衔两子泛波行”；日本学者杉尾伸太郎更是认为石组直接描摹了收藏于醍醐寺的《五台山文殊菩萨骑狮像》画面上方的五座石峰（图2-15）；此外还有心字配石说、十六罗汉说等等。

对石组历史记载的回顾或许可以揭示一个有趣的现象，据重森三玲考证，1681年刊行的《东西历览记》中有：“方丈之庭中有九石”，但1682年刊行的《雍州府志》中却记载庭石之中大者有九块，1788年《笈埃随笔》中又说“大石一块常附有小石三四块”。至晚在成书于江户后期（19世纪后半叶）的《都林泉名胜图会》方丈庭院的图绘中，庭院内的石组已呈现出与现状几乎相同的布局形态。在历史资料丰富度与详实度都非常高的日本，如此模糊的记载令日本当代学者也觉得“不可思议”。最为显见的矛盾出现在1681年与1682年的记载中，由此几乎可以排除石组布置实际变更的可能性，那么只留下了两种解释：一是著书者不够认真仔细，没有数清楚到底有几块石头；二是他们并不认为这是一个必须说清楚的重要问题，大致有数即可。

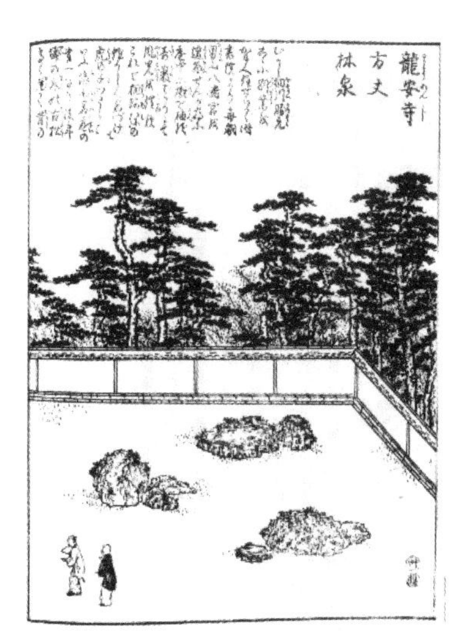


（图2-14）

（图2-15）

图2-14 《都林泉名胜图会》中龙安寺方丈庭院的图绘
（图片来源：网络）
图2-15 《五台山文殊菩萨骑狮像》
（图片来源：杉尾伸太郎．石鼎．2012：图5）

相信大多数研究者应该会倾向于第二种解释，由此也引出了关于置石的另一种解读模式，即关注石组作为整体而呈现的涵义。两种解读模式的交锋发生在特雷伯（Marc Treib）与赫林顿（Susan Herrington）的讨论之中。“Must landscape mean？”议题的讨论由特雷伯开始（关于此的一系列文章已于2011年集结成书出版）。针对文章中关于景观构成元素与涵义之间关联的否定态度，赫林顿提出了质疑，她认为景观中每一个构成元素都是由设计者造型并排置的，所以“景观是有意义的（Landscape can mean）”，否则“我桌上的那本诗集就只是一堆印着墨水的纸，而没有传达任何东西”。此次讨论的焦点之一集中于龙安寺方丈庭院上，赫林顿利用图像处理软件进行了一项试验，将散置在庭院中的石组重新排列成一条直线——如果景观不能承载涵义的话，石头仍然只是石头，是一堆坚硬的矿物质，排置方式的改变不会造成什么影响，但是显然在此处，设计者的意图被完全改变了；因此石头的性状和排置方式一定与龙安寺的意义有关。赫林顿继而以自己的体验为例，“对我而言这些石头的排置正像是大海中的一系列石头岛屿，对其他人而言它们可能代表了正在过河的一只老虎和她的幼崽们”。所以，如果石头的排置方式改变了，庭院所传达的涵义也将随之改变。

对此特雷伯再次提出质疑，认为在这样的重组之下庭院的外观虽然出现了变化，但是它所表达的涵义其实并没有改变，这个禅宗寺内庭院作为冥想发生地的涵义超过了石组排置所产生的象形涵义。而退一步说，尽管重组后我们过去习惯听到的海中仙岛、幼虎过河等解读不复存在了，但取而代之的很可能是其他新的故事，这仍然不会动摇庭院冥想发生地的本意。

2. 用小实表现大虚

可以预见的事实是，龙安寺方丈庭院的置石究竟应该如何解读，在过去、现在、未来都不会有标准答案，各种各样的解读反而成了庭院整体特质的一部分。但可以肯定的，仅从置石个体形态讨论“像什么”的思路必然是片面的。

日本当代俳句诗人野林火认为俳句艺术的魅力在于“用小实表现大虚……有把瞬间变为永恒的作用”。此话同样适用于对龙安寺置石的解读，方丈庭院正是以方寸之地展现了这大虚之空，“每块石头并不只是对有名的自然景观的模仿或者庭院中山或岛的象征，他们展现的是充满活力的宇宙星空。他们赋予了设计者一种象征性的语言来讲述暗藏在美观的外表之下自然最深刻的真理”。杰里科（Geoffrey Jellicoe）甚至以颇为极端的表述比较了上文所述的两种解读模式：“试图解释、揭露隐藏在一件艺术品背后不可见的立意几乎是审美意义上的自杀”，他结合自己在日本的游观经历，认为导游对每块石头象征意义作的解释是乏味的、幼稚的，而那些因想象而产生的、导游无法解释的空间体验才是这些庭院真正的神奇之处，对禅宗庭院的研究也是杰里科“去智”设计理论的重要基础。

3．如何摆放少量石头的范本

在日本传统庭院中（尤其是枯山水庭院），石头向来是极为重要又极为特殊的。枡野俊明在讲述日本庭园石组的制作时，将石头之间的空隙作为典型的留白，认为石组能够形成一体、构筑稳定的条件是在空隙之处“感受到了用眼睛看不到的跳动的‘石心’”。此话点出了理解龙安寺方丈庭院置石设计的两个要点：首先，石头与石头、石头与它们之间的空隙必须被视为一个整体，它们作为一个整体呈现出了远超于个体意义的价值是历代学者们所公认的；另一方面，石头之间在形态上具有紧密的关联关系，形成了某种贯通全幅的体势，这种体势也是它们能够呈现为一个整体的基础（图2-16）。

《作庭记・立石口传》中讲述了置石应以逃-追、倾-支、仰-俯、立-卧等形式成组出现，而它们之间的空隙，正如绘画之白，是贯通全局的气韵流动之脉。许多当代研究者都注意到了龙安寺置石中精妙的空间关系，重森千青在《庭院之心：造园家眼中的日本十大名园》中将置石自东向西分为5组，分别分析了它们的形态特征与组合关系，认为庭院的设计者对置石技术有着充分的自信，提供了一个如何摆放少量石头的范本（图2-17）。

（图2-16）

图2-16　置石平面关系分析图
（图片来源：作者改绘自参考文献［58］，照片自摄）

（图2-17）

石堆A——由五块石头构成

石堆C——由三块不同样式的石头构成，分别是立石、横石和伏石

石堆B——由高的横石和低的立石构成

后边的是石堆D——由两块不同类型的石头组成。前面的是石堆E，由一块立石和两块平石构成三奇石组

## 2.6 小结

“无”字的演化反映了人对非实体空间认识的产生与发展过程，对于“无”存在价值的发现与认可标志着人类抽象思维的进步。“无而纯无”之无作为一种纯观念性的存在进入哲学领域后，即成为中国传统哲学的核心命题，在宇宙观和本体论的探究中都被赋予了根本性的重要地位。庄子哲学中的“虚室生白”为观照世界之纯白的获得提供了方法论上的启示，对中国传统艺术产生了至深的影响：一方面，创作主体虚静的身心状态被认为是获得妙、空、玄、逸等作品特质的关键；另一方面，这种状态须通过介质进行表达，作品空间中元气激荡、生机勃勃的整体自然世界是观念性纯白的表征。

艺术作品中表象之白主要表现为画面空白处与音律停歇处等，它的意义在于与表象之黑共同形成了流动之生气的载体，贯通全幅的激荡之元气指向了观念性的纯白。完整涵义中的表象之白有这样两个特征：首先，它与黑的部分共同组成了一个整体的作品空间，不可以割裂的视角单独看待任一方；更重要的是，只有黑白同时存在并激发虚灵之气时，隐含的作品空间、也就是那个整体的自然世界才会出现。

在当代设计研究中“留白”是一个十分常见的主题，但其中普遍存在着将作品空间中的表象之白与中国艺术传统中确立的观念性纯白直接对应的表象化使用习惯。尽管两者之间存在着一定的关联，但“形而下之白”只是“形而上之白”一种可能而非必然的表现形式。鉴于中国传统艺术中“白”的核心地位以及艺论中大量存在的对空白之处关键性作用的强调，当代设计研究中的“留白”应被理解为：基于对表象的空白之处对于作品空间整体虚实关系经营重要性的认识，而有意地预留、布置空白的创作方式（图2-18）。如此强调的基本出发点与王翚、恽格评《画筌》的思路一致，重在指正“人多不着眼空处”的现象，但同样，空白之所以成为全局所关的前提条件，是它作为画面之实处的重要组成部分能够与虚之气相融相生。

（图2-18）

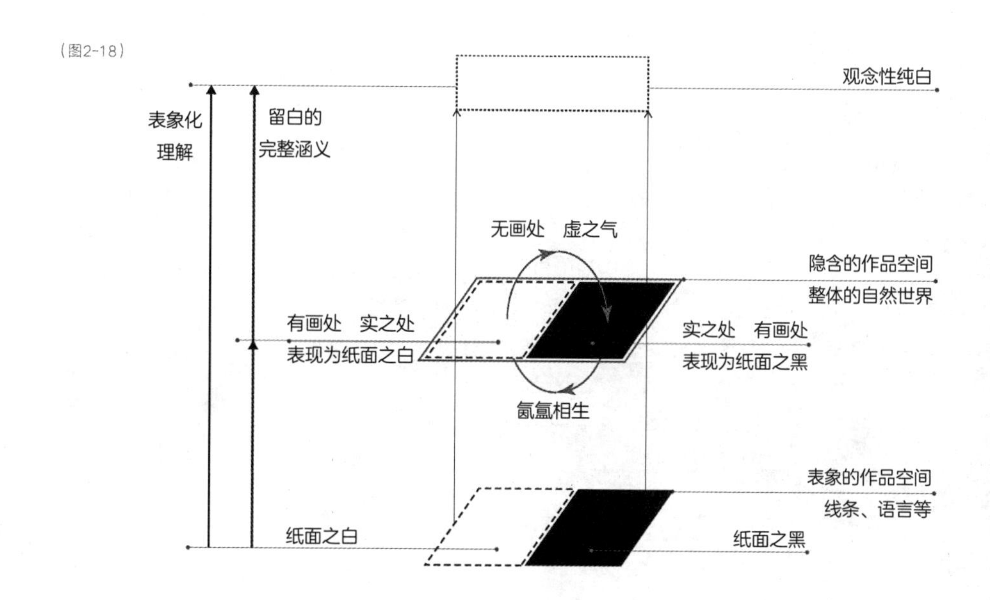


图2-17　置石的分组照片
（图片来源：重森千青．2016：142-143）
图2-18　留白的表象化理解与完整涵义对比分析图

7 6 5 4 3

# 第3章 场地留白的概念架构

III

尽管“虚（emptiness）”的概念在中国文化中至为重要，但从未有过关于它在实践学科应用性的系统研究。虽然有大量文章都提及“虚”，但它仅被作为一个不需被定义的自然实体，致使它的身份与功效均被严重误解。尽管如此，所有人却都指向那个存在已久的不言自明的传统。

——程抱一（Francois Cheng）

法兰西学院首位华裔院士、东方语言学家程抱一在《中国诗画语言研究》中指出，当代应用性学科中“虚”的概念被普遍误用。在景观设计语境下研究留白，不可回避的是其主要作用对象——场地的特殊性质。

## 3.1 当代景观研究中留白的表象化认识分析

近年来在景观设计领域涉及“留白”的论文成果数量呈现明显上升的趋势，表3-1对当代景观设计研究中以“留白”为题的、被引量最高的5篇论文中“白”与“留白”的界定以及相应的案例进行了比较分析，从中可以看出研究者们对当代景观中留白的表现形式是持有共识的：艺术中的黑白关系演化为设计结果中实体的人工构筑物与虚体的自然元素的关系，且这种关系均被认为与中国艺术传统有着对应关系。

表3-1 当代景观设计研究中以留白为主题、被引量最高的论文内容分析表

| 序号 | 论文题目 | 白的界定 | 留白的界定 | 案例选取 |
| --- | --- | --- | --- | --- |
| （1） | 我国现代园林景观设计与“留白” | 演化自传统园林意境的人文关怀 | 设计者基于对环境的高度概括，以无形理念与有形元素的对比与融合来表达一定思想情感的表现形式 | 作者设计的一处商业广场。留白体现于农业、商业的主题与实体构筑物的融合，以及道路、雕塑等的整体环境规划 |
| （2） | 景观设计的留白——避免乡村景观的城市化 | 乡村原有的农田、草地、林地等地域景观 | 乡村景观建设中首先考虑须保留的地域景观与文化传统 | 秦皇岛“绿荫里的红飘带”。最大限度地保留河流绿色基底，维护河道的自然形态 |
| （3） | 一种新的审美方式——“量化留白”在园林景观设计中应用的可行性 | 山水画中纸面之白处；园林中的水、建筑间空隙 | 在平面设计中采用中国山水画的黑白比例、位置关系 | 60幅山水画的黑白百分比统计；纽灵文叙瑟尔医院扩建方案、宁波生态走廊方案 |
| （4） | 空纳万境，虚室生白——论苏州博物馆中的“留白”意韵 | 水、空地、沟谷、溪涧等虚体元素，白墙 | 巧妙地经营实体元素与虚体元素的大小、开合、疏密等关系，使“虚实相生” | 苏州博物馆。近十处大大小小的庭院与建筑的融合关系 |
| （5） | 城市滨水景观设计中“留白”的意境美——以上海世博会后滩公园为例 | 滨水空间中的自然元素与场地文脉 | 避免过度的人工干预，留给水生动植物自然生长的空间；新环境应作为旧环境的承接与延展。应满足未来可持续的、多样发展的可能性 | 上海世博会后滩公园。采用生态材料、架空等方式保护自然空间；沿江的主题雕塑与景观符号设置 |

但若细究，则会发现这些成果其实存在显见的分歧，主要在于作为表象之白的自然元素是设计介入前场地原有的，还是置入场地的新设计方案的一部分。论文（1）、（3）、（4）皆属于后者，它们主要是在图面中探讨黑-白的形体关系以及设计理念与形体的融合，文中明确地指向了主要受庄子哲学影响的对“白”推崇的艺术传统，且均引中国传统园林为例，主要从构图的角度分析其中空间实体-虚体的布置关系以及园林对整体意境的重视，继而将之与当代景观设计中的空间布局、文化追求相对应。尽管许多研究中也强调了空间的流动性、黑-白整体关系的重要性，但这一类型研究的绝大多数成果中都有着这样的明示或暗示：平面关系与文化意境之间存在着某种理所当然的对应关系。最为典型的是《一种新的审美方式——“量化留白”在园林景观设计中应用的可行性》一文，作者对60幅山水画及狮子林、网师园等园林平面图中黑-白二者在画面中所占的比例作了定量统计，认为统计结果可以“作为便捷且容易掌握的审美依据，应用到景观方案的表现中”。

关于留白的设计大类研究中普遍存在的那个问题又在这里出现了：形而下之“白”必然会引向形而上之“白”吗？正如本书2.3节中关于表象之白与观念之白的关系研究所揭示的，作品空间中的表象之白是美学意义上观念性纯白的表达载体所必不可少的一部分，但它无法实现反推。对应于景观，表现为水体、草地、林地等虚体之白确实是整体意境表达不可缺的实物载体，但这其中必须含有一个关于黑-白整体的精妙的艺术构思过程，跨越这一过程将二者直接相对的认识将会滑向表象化解读的危险。

论文（2）、（5）中则将白设定为场地原有的环境，强调设计介入时对原场地环境的尊重与保护。然而，现有研究大多存在这样的问题：一方面，似乎难以在存留场地原置的设计决策与传统艺术推崇的观念性纯白之间建立关系，还是将其现时意义归于生态保护、可持续发展与乡土文化延续等；另一方面，又暗示这种行为仍具有某种形而上的意味。于是，论述中会出现略为暧昧的逻辑关系，比如《城市滨水景观设计中“留白”的意境美——以上海世博会后滩公园为例》一文中，作者将留白定义为对场地中滨水自然环境的保留，认为新环境应作为旧环境的承接与延展，然而又将主题雕塑、小景的设计作为意境美的主要表现，两条推证线索看似粘连实则并不相干。

景观设计活动直接表现为对场地的再组织，留白的动作就是对其原有自然、人文环境的保留，这样的决策有着显见的生态、历史、文化等价值。那么这里出现了两个问题：①表现为留存场地原置的留白方式能否与其在其他艺术形式中一样，指向以意境、整体自然世界等为表征的

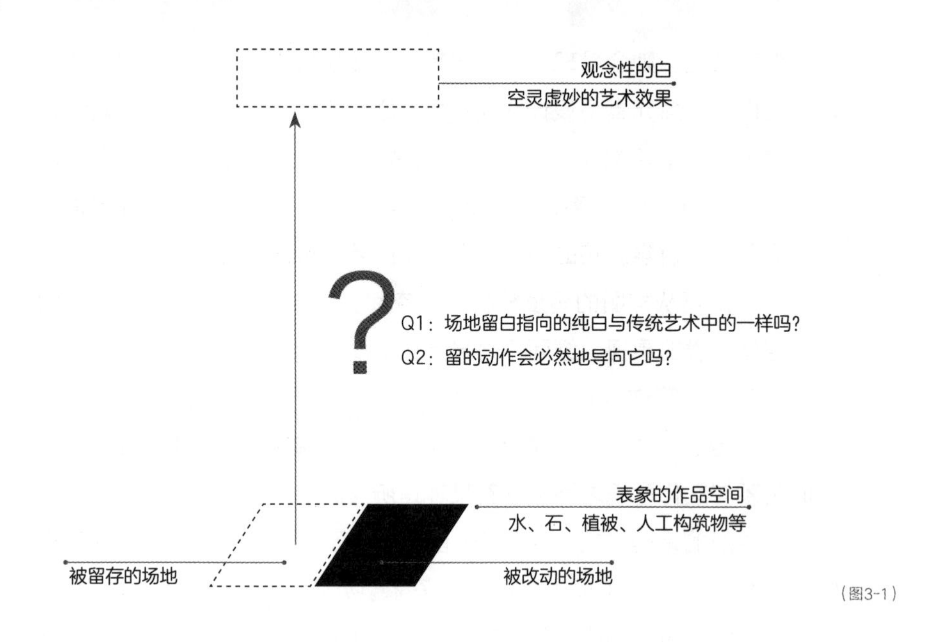

（图3-1）

观念性纯白？②如果这样的关联存在，那是否所有留的动作都可以直接与它对应，即能否实现反推（图3-1）？

## 3.2 纸面vs场地——当代景观语境下留白的介质特性分析

尽管对于“白”的认识及经营方式在不同的艺术门类、艺术与景观设计间呈现出一定的相通性，但艺术创作与景观设计的分歧点之一在于介质特质的差异。当代景观设计活动是在多维现实空间中运用已有物质材料进行的，必须综合地考虑不同人群的需求并整体地协调人类需求与环境承载力之间的平衡关系，作为设计活动对象的场地还是人生存、生活的环境。肯定并强化作为设计介质的场地的特殊性，是当代景观研究语境下留白研究的前提，也是其能够与原生传统艺术语境相剥离的主要原因。

### 3.2.1 传统艺术中纸面介质的特性

绘画、书法、戏剧等传统艺术门类的创作大多是在一个人为界定的抽象空间之中进行的，以纸面为典型代表。

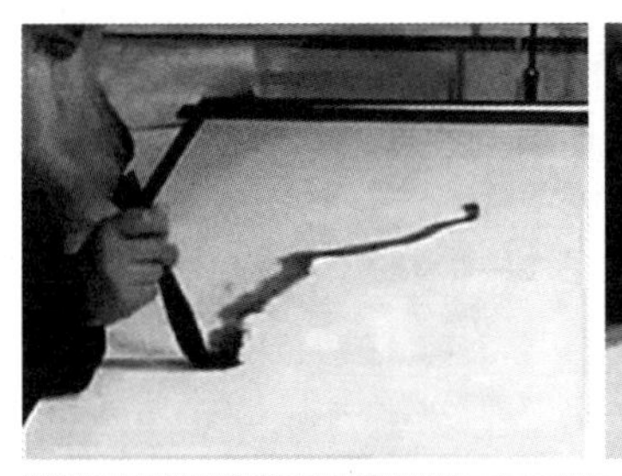

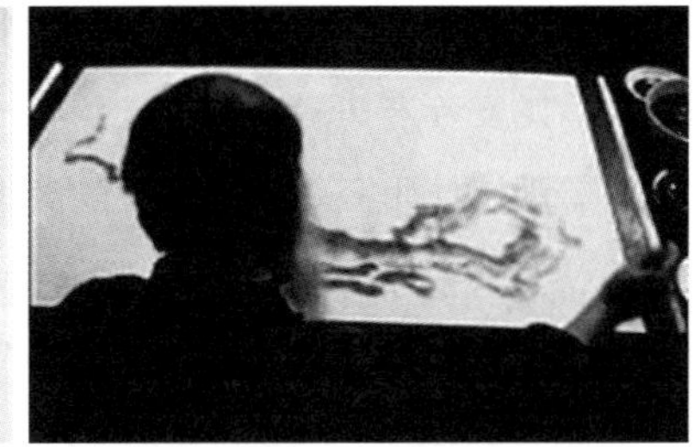

（图3-2）

在以纸面为介质进行创作时，起始状态的纸面是匀质、空白的“零”状态，作者完全依就自己的审美意向捏塑了一个“理想的世界”。张大千作画的视频清晰地记录了这种从一张白纸开始的创作过程，尤其是作画时的第一笔——自左上至右下的贯通之线——就已经反映出了画家对全幅空间的经营计划，画作中纸面黑与白的布置方式、实与虚的氤氲之势皆是由画家构思、创造而生。在这个过程中，作为介质的纸面就像投影仪的背景板一样，仅是在被动地接受作者的安排（图3-2）。虽然承载虚灵之气的画面空白部分常以纸面初始之态呈现，但它的意义还是在于作者赋予其中的虚的结构，虚的结构也是作者意图在纸面介质的投射，不受纸面介质的影响。可以说，无论是表象作品空间，还是以自然世界为表征的观念性纯白，皆与纸面本体特质没有必然的关联。

中国传统文人园林与日本禅宗园林虽因创作材料的实体性质而与其他艺术门类有着显见的差异，但造园艺术传统却明显地弱化了这一特征，几乎沿用了哲学与艺论所确立的审美原则、经营方法等。因此，造园艺术虽经历了抽象空间向实体空间的转化，但其中留白的设计策略实质上还是对抽象空间中所确立的原则的挪移与仿效。在传统造园活动中，至妙的意境往往是在作者脑海创生后熔铸于园林的，场地本体对造园的限制可能主要体现在技术上，可以被认为是一种较朴素的场地意识。比如在拙政园中，物质的园林主要是作为“众妙”获得途径的“养拙”在实体空间中的表征，造园进行之前场地上的花草并不会影响或参与“众妙观念”的构建。

龙安寺方丈庭院是在多维实体空间中进行纸面式设计的典型。它的营建方式与在白纸上运墨作画极为相似：由平直的围墙与白砂界定的空间近乎抽象，这处庭院更像是一张纸面而不是现代意义上的场地；庭院中最主要的构景元素——15块置石也是如画写一般被摆入庭院内。方丈庭院中的观念性纯白也是因石块的置入而产生的，可以被认为是在设计者捏塑石组的过

图3-1　场地留白研究中的两个核心问题分析图
图3-2　张大千1967年作画过程视频截图
（图片来源：网络）

程中新造出来的，几乎不涉及场地物质、历史信息的提取或元素关系的判断、统筹（图3-3）。因此，龙安寺方丈庭院的设计仍属一种纸面留白，它是艺术史中留白最经典的案例之一，但却不是景观设计研究中场地留白的典型。

（图3-3）

### 3.2.2 纸面留白在当代景观中的延续

1．概述

中国传统艺术与园林中的空间理念一直是现当代建筑、景观研究的重要内容，也是设计创作的养料，金秋野、王欣等编著的《乌有园》系列文集就是典型代表。图3-4是王欣指导的中国美术学院建筑专业学生的作业，取法于明清竹雕笔筒的建筑设计，王欣将其选为自己所著《如画观法》一书的封面。虽然这是一个天马行空的概念设计，但设计图清晰地显现出了与张大千作画近乎一致的创作方式：在一个封闭、匀质、规整得近乎抽象的立方体内，作者依自己的意愿雕琢了一个理想世界，尽管介质空间变成了立体的、可进入的、可居游的，但仍然改变不了它作为一种纸面空间的本性。

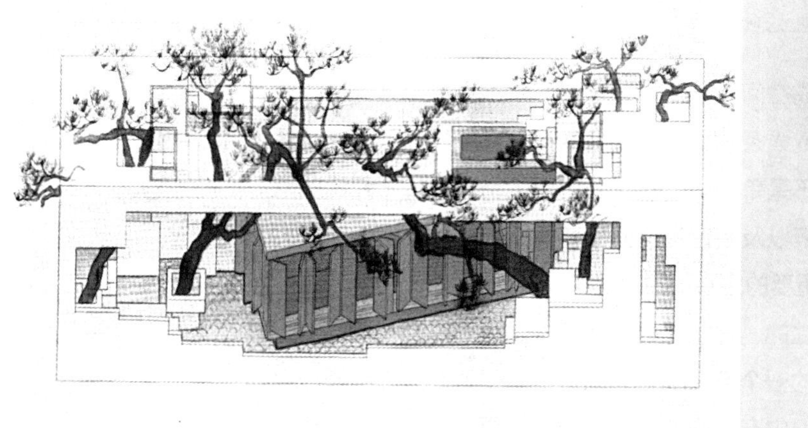

（图3-4）

另一方面，从19世纪中期开始，东方传统哲学以及艺术理念主要经由日本传入西方世界，引发了后者历史性的转变，梵·高曾在信中说“我所有的作品都是以日本艺术为基础的”。诸如“空”“虚”等原生于中国传统哲学的概念对20世纪，尤其是20世纪后半叶的西方人来说早已不再陌生，比如黑格尔曾将叔本华对虚无的狂热与佛教中的涅槃相关联，认为它们都是“万物的本源、终极的目标以及终止之处”；杜威1919~1921年曾在中国和日本旅行；海德格尔与老子思想有着密切的关联；密斯、赖特、沃克等现代设计师的作品中更是显现出东方的特质。2009年纽约古根海姆美术馆举办了题为“The Third Mind：American Artists Contemplate Asia，1860-1989”的展览并出版同名图书，主编芒罗（Alexandra Munroe）认为东方传统哲学与宗教中展现的与笛卡尔物我两分论相反的同一论深刻地影响了现代西方文明的进程，现代主义对艺术的界定从一件令视觉愉悦的物体到一种在时间和空间中逐渐展开的体验性活动的转变，很大程度上是因此发生的，这也促生了抽象艺术、概念艺术、极少主义、新先锋派等的出现。

许多影响了现代景观发展历史的设计师，如野口勇、杰里科、沃克、罗斯、斯卡帕等都试图探索东方传统空间观在现代景观中的呈现方式，而他们的理论与实践研究又反过来，深刻地影响了中国当代的景观设计发展，与国内本土发展的线索相互交织。下一节将以野口勇设计的两处下沉庭院为例，阐释当代景观中纸面留白设计策略的延续。

图3-3　龙安寺方丈庭院照片与没有置石的假想图
（图片来源：作者自摄并改绘）
图3-4　王欣指导的学生作业“赤壁泊船”及《如画观法》封面
（图片来源：王欣．2016：84）

2. 野口勇的两个纯白庭园

**我喜欢把景观想象成空间的雕塑……空的空间不具有视觉尺度或意义，当富有想象的物体或线条被引入时，尺度与含义就生成了。这就是为什么是雕塑群组，而不是单个的雕塑物体创造了空间。每个元素的尺寸与形状都是与其他元素以及给定的空间密切相关的。雕塑实体的不完整性对整体空间却有着重要的意义。**

**这样的雕塑是消减性的，它既非此也非彼，是空间中影响我们意识的一个物体——空无中的一个点——没有刻意地与内容或外部的任何事物相关联——是在潜意识中产生的。为了得到一个更好的名字，我将这些雕塑称为景观。**

**——野口勇**

野口勇唯一一本自传的序言中，富勒（R. Buckminster Fuller）写下的第一句话“野口勇和飞机同样生于20世纪头十几年的美国”，是对他游走于不同的文化体系、不同艺术门类的一生的极佳隐喻。野口勇1904年生于美国，母亲是美国作家，父亲是日本诗人，1906年随母赴日并成长于一战前的日本，而后在美国、法国学习雕塑创作，还曾师从齐白石学习中国画。野口勇对庭园设计的热情一方面来自于日本传统园林的深远影响，尤其是寺庙园林的沙砾和石组、苔藓和灌木、水面和树木间的美感；另一方面源于他对在20世纪中期变得非常突出的生态问题的关注，也借此表达他对后原子时代人类生存处境所怀有的希望。

20世纪50年代开始，执掌富勒建设公司的约翰、威廉、贝尼克开始向耶鲁大学斯特灵图书馆捐赠珍本图书，在图书馆的空间不足后，他们决定捐赠一座新馆来保存这些珍本。贝尼克珍本图书馆庭院的基址位于美国耶鲁大学图书馆大楼一侧，被设定为一个只能从大楼、广场俯瞰或在地下一层室内隔着玻璃欣赏的封闭空间，由于珍本保存环境的要求，水与植物栽植都是无法实现的（图3-5）。

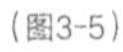
（图3-5）

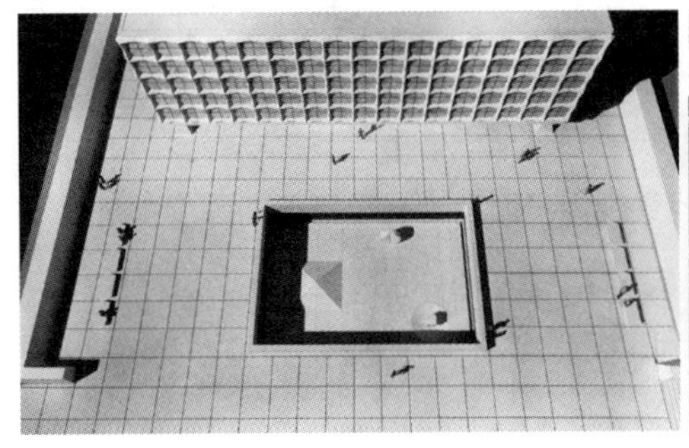

在首轮方案中，野口勇提出了两个与日本传统寺院园林中的沙堆相似的地形设计，但是业主并不满意（图3-6）。在第二轮方案，即实施方案中，野口勇设计了一座完全由白色的佛蒙特大理石（也是建筑立面的主要材料）构成的庭院，几何图案拼出的地面上，放置着3个雕塑体：象征土地及早期人类文明的金字塔，象征太阳、活力或“零”的圆环体，以及形如骰子、象征机遇的立方体（图3-7、图3-8）。这里出现了两个常见于野口勇作品中的元素，一个是圆环，这个形状来源自日文“円相”，即圆相，指禅僧之类的人彻底顿悟后，为了表达心之本态而画的圆，象征顿悟、力量、宇宙以及“空”。相似的圆环8年之后又出现在了雕塑“黑太阳”中。另一个是数字“3”，他认为“3”是一个基础的、好用的数字，反复作为基数出现于他的雕塑作品中，因为“1是一个单元，你没有其他地方可去，2产生了选择，但是3创造了不对称的境况、产生了三角划分”。与前文引述的野口勇对雕塑与空间关系的理解相契合，也与枡野俊明认为留白是物体间张力所产生的关联性的解释相契合。

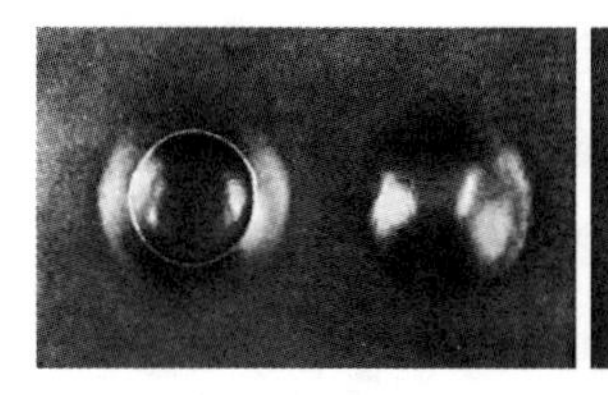
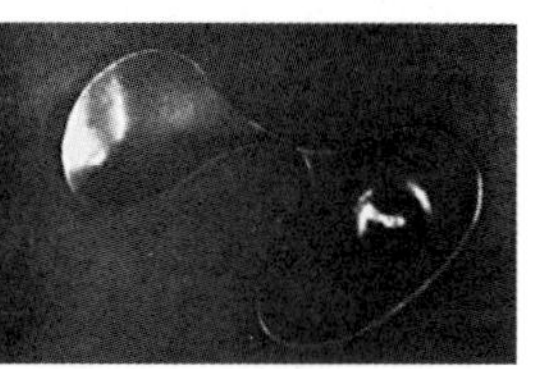

（图3-6）

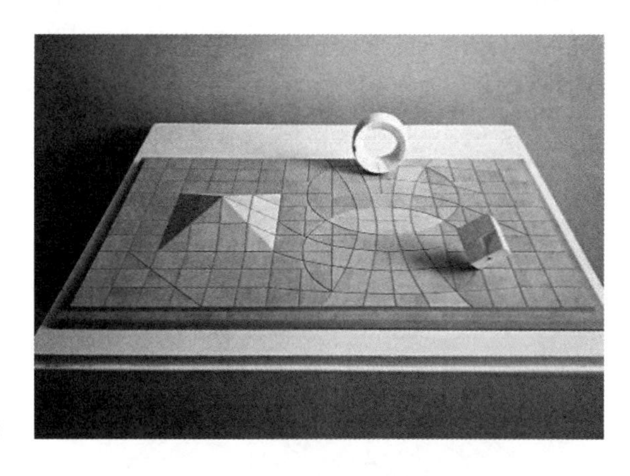

（图3-7）

（图3-8）

图3-5　庭园与图书馆建筑的模型与照片
（图片来源：SOM公司官方网站）
图3-6　首轮方案模型
（图片来源：Torres，2000：121）
图3-7　实施方案模型
（图片来源：Torres，2000：123）
图3-8　庭院照片
（图片来源：野口勇博物馆官方网站）

关于这个项目的设计理念，野口勇曾写下这样的话：“它成为一个戏剧性的景观，一个纯粹想象的空间；它哪里都不是，却又让人倍感熟悉；它的尺度是虚幻的，既无限又幽闭”，沃克也给予它“一旦比例完美，尺度就会是无限”的评价。贝尼克珍本图书馆庭院是一个论证留白之白既非性状之浅淡也非作为之缺省，而是存在于整体感知中的一种空间性质的极佳案例。设计的目的不是让观者看到四棱锥、圆环体或立方体，也不是想起土地、太阳或人生的机遇，而是让他们的思绪浸入整体情境中被唤起的那个神秘而虚幻的空间之中，这个空间并不是通过设计来直接展现的，它是本节开篇野口勇所说的那个由想象而生成的附加空间。

与贝尼克珍本图书馆庭院几乎同时建造的是查斯·曼哈顿银行庭院（Garden for Chase Manhattan Bank Plaza），二者均是封闭的下沉庭院，在尺度、设计构思上都颇为相似。庭院中，大理石块以同心圆序列拼成的地表被赋予了起伏的地形，上面勾画着形似波浪的图案，7块野口勇在宇治川（Uji River）精心挑选的天然石块散落在圆心，其间还设有几组喷泉口（图3-9、图3-10）。野口勇说：“它就是我的龙安寺”。然而他进一步解释道，他并不是在设计一个传统的日本庭园，除了天然置石作为雕塑元素之外它完全是一个现代的庭园。这个庭园是探索以非传统方式使用天然置石的尝试，野口勇试图让安放在地上的石头腾空而起，轻轻地飘浮在空中，是对人类技术不断突破自然规律限制的时代的隐喻。

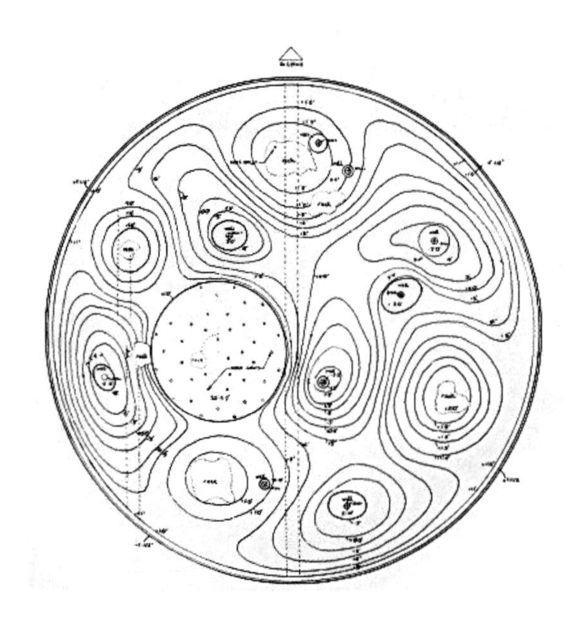

（图3-9）

（图3-10）

这两处庭院有着非常多的相似之处：都是下沉庭院，都以石头为主要材料，都有着颇为显见的枯山水基因……野口勇算是一个较为多产的设计师，他能够将这两处场地选为再现心中龙安寺的基址，绝非偶然，它们相对封闭而平整的空间特性、不可进入只可远望的接触方式等都强调了场地本体的纸面特质，成为龙安寺式庭院的绝佳选址。特雷伯曾指出，禅宗庭院的特别之处在于它以自身物质、涵义的减省激发了观者对自我意义而非庭院本身意义的沉思，此种说法的一个基本前提是，自我意义与庭院本身意义是分离的，这也是将其归为纸面留白类型的原因所在。

### 3.2.3　场地与纸面的区别分析

**景观是最初的居所；人类与植物、动物一同进化，在蓝天之下，在沃土之上，在清水之畔。**

——安妮·斯本（Anne Whiston Spirn）

1．场地是有形有质的多维现实空间

纸面与场地最直观的区别在于，前者是二维（或三维）抽象空间，而后者是多维现实空间。没有任何一处场地能够像一张白纸那样不含有

图3-9　庭院的地形设计
（图片来源：Torres A M．2000：154）
图3-10　庭院鸟瞰照片
（图片来源：Noguchi I．2004：216）

任何内容，作为设计原材料的场地在设计活动介入前通常已积蓄了丰富的物质、文化信息，形成了属于自己独有的特质（identity），在设计活动发生前已是有形有质、色彩斑斓的实体空间。

以这样的介质进行设计活动会导致设计行为自身性质的转变：由于在当代实践中景观设计对场地的改动极少会达到彻底颠覆的程度，所以设计的结果形态中总会存有一些初始场地的延续，被延续的部分仍然会显现出原有的信息，而不会是纸面般抽象的空间；另一方面，场地原有物质、文化信息的存在，使利用它们达成既定目标的策略有了可能性——设计结果并不是设计者从零开始捏塑与新造的成果。场地策略的制定过程，更多的是对场地环境的各个部分、各种关系进行统筹的再组织，赋予它们一种与先前不同的秩序以实现设计对场地的控制，而不是如绘画中那样完全依作者的构思进行创作。总之，在当代景观设计中场地的设计决策通常都与设计活动介入之前场地的本体特质有着极为密切的关联，后者是前者的基础与材料，往往会对决策过程起着重要、甚至决定性的影响。

关于建筑/景观设计新置与原置关系的讨论很早就出现在了一些关于图底关系的设计研究中。德普思（Robin Dripps）追溯了巴黎美术学院传统Prendre Parti和Tirer Parti两种看待图底关系的立场，前者要求建筑须有清晰可辨的立场与形式、不受外部环境阻碍而享有形式自主，后者则旨在发现、利用现有的物质与政治环境，将它们与设计融合。他以保特利（Antoine le Pautre）和勒杜（Ledoux）相隔百年的博韦酒店设计方案为例，勒杜的方案清晰地显示出了Prendre Parti式的设计思路，这种传统的影响一直持续至今。这两种对待建筑设计中图底关系的立场，正与以纸面为介质的创作方式和以场地为介质的创作方式相对应。

2．场地决策的环境职责

在以纸面为介质的创作中，设计行为通常是凭个人意志和依个体审美判断进行的，创作的结果不会对他人、其他物种以及他们所依赖的生活环境造成直接的，尤其是威胁性的影响。但是当代景观设计实践是一种公共性质的活动，它不仅服务于不同的人群，满足其特定的物质、精神需求，“还要充分考虑生态系统和野生动植物的需要”，“以守护山水自然、地域文化和公众福祉为目标”，肩负整体地协调人类需求与环境承载力的平衡关系。

景观设计所作用的对象（绝大多数情况下）是在设计活动开始之前业已存在的有形有质的场地，即呈现为自然状态的或人工状态的地表环境。地表环境是由土壤、水体、植被等关乎人类生存的共有物质资源组成的，因此，关于场地中哪些部分将在设计结果中作为被改变或被保留的部分的决策，绝不仅限于审美与艺术效果的考量，更必须基于伦理、文化、经济、技术等层面的综合判断。

事实上，环境伦理的崛起是20世纪发生的影响人类文明进程的重要事件，环境意识的转变也是当代景观设计区别于传统园林营造最主要的特征之一。环境伦理对景观设计的影响是直接而深刻的，它凸显了景观设计行为中“自由-约束”这一核心问题，两者在现、当代建筑、规划、景观等设计领域的失衡正是白板现象等诸多问题产生的重要原因。陈洁萍在阐释“拓展的地形学”时写道：“批判将实际的元素和形体想当然地认定为没有任何文脉、关系、传统和历史的宇宙虚无论主体，将设计简化为本质上毫无限制的组合，或在完全虚构的‘游戏规则’中的选择……要在现实的具体状况中发现机会，确立角色，设计的自由意味着承担某种责任”，关于场地的设计决策所负有的环境责任使其能够、也是必须与纸面艺术创作区分开来。

3．场地是人的生活环境

卡尔松（Allen Carlson）在《环境美学》的开篇指出，环境与艺术对象之间深刻的差异在于“艺术作品是艺术家创作的产物”，艺术家是最典型的设计者，因为他们总是在一个对象内具体地表现一种设计，从而创作出一件作品，但环境却不然，它就是环绕着我们的一切，我们沉浸在鉴赏对象之中。

场地与纸面的另一大区别在于人总是内在于场地之中的，这种内在的关系不仅体现在审美层面，更在于生存、生活层面。首先，场地环境支持了人作为一个生物人的基本生存需求，个体生命维系所需的能量主要来自于它所在的环境；另外场地也是一个人与他人，与其他生命体、非生命体进行交流、互动的载体，是人作为一个社会人生活的环境。人类文明的发展，在一定程度上可以被认为是在人与场地环境不断的互动过程之中进行的。

## 3.3 场地留白作为一种当代景观设计策略

我们应探求的，不是被借用的形式（borrowed forms），而是一种创造性的规划哲学（a creative planning philosophy）。

——西蒙兹（John Ormsbee Simonds）

在当代景观设计的语境下，场地留白是一种以实体留存为表现的场地整体转化策略。

### 3.3.1 概念阐释

“场地留白”概念的基础，是对场地实体作为人持续设计、改造环境的整体状态最直接、真实载体价值的肯定，这种状态构成了“白”的精神性内涵。基于这种认识，设计对场地实体采取了留存的对待方式。但留存是以场地整体的转化为基础的，因为人设计、改造环境的整体状态是持续进行的，场地既是其过去之载体，也必是其现在之载体，所以留存须以场地向现在使用方式的整体转化为基本目标。

简而言之，场地留白的设计策略就是以“留”得“白”。本书在论题中刻意强调“留”，是为了凸显将场地实体视作最直接、真实载体的基本立场，从而与其他对场地实体持模棱两可态度的场地策略及创造、移植、再现式的场地策略作区分。

### 3.3.2 作为一种设计策略的场地留白

场地留白对于设计活动的意义是在于策略层面，而不仅是方法或表现层面，因为它内嵌了对场地环境认知、价值识别与判断以及创造性地再组织的全过程，是具体的方法、技术等施行的基础与纲领。

戴明（M Elen Deming）和斯沃菲尔德（Simon Swaffield）在《景观设计学：调查·策略·设计》（*Landscape Architecture Research: Inquiry, Strategy, Design*）中明确区分了景观设计中策略、计划、方法与技术的关系，很多学者也都曾试图在景观设计研究中构建一个统筹性质的、处于具体的对象与方法之上的策略，比如哈普林（Lawrence Halprin）借用音乐中“谱（score）”的概念来组织复杂的景观设计过程，他将其解释为“相继发生的过程的象征，引领设计表现”，认为它是一个创造性的过程，适用于所有具有时间性，尤其是人的时间性活动的艺术形式。场地留白也正是一种引领设计表现的策略，它的研究意义还在于触通了原理至方法的设计体系。

### 3.3.3 非唯一论的说明

在绝大多数情况下，设计命题都是开放、多解的，场地留白的设计策略只是一个可能而非必然的选项，须与唯一论划清界限。

首先，留白的设计策略不可能普遍地适用于所有景观设计问题，不同尺度、不同类型的景观项目中设计需要解决的问题的内容和性质，通常是不同的；即便在某一特定尺度、特定类型的设计中，场地留白也不是绝对适用，必须在具体场地条件下根据具体问题对留白策略的适用性作评估。另一方面，在适用留白策略的场地中，留白也不是绝对正确，或说唯一的选项。理论上，为了实现同一设计意图，可以生成无数在形式、造价上相异的方案，场地留白的设计策略固然有着一定的伦理、技术与文化等价值，但它仍然只是众多可选方案中的一员，是一个可能而非必然的选项。

另外，本书关于场地留白的研究是在一种理想化条件下进行的，排除了设计之外的干扰因素。但现实情况中，场地的最终设计决策往往是多个相关利益方共同博弈的结果，如产权人的意愿、政策、经济、技术等等，场地留白的策略所代表的仅是偏于人文的一种考量。所以在实际操作时，还须基于具体的场地问题，综合考量生态敏感度、地质条件、政策、经济、技术、社会等各种调节而做出适恰的选择。杰里科在《源于艺术的景观》（*Landscape from Art*）一文开篇总结道：长久以来绘画和雕塑艺术总是走在建筑之前。原因非常简单：建筑，尽管被称为艺术之母，却是满载“累赘”的。建筑必须为某一功能目的服务，而这个目的通常是传统的；它是由复杂的材料建造而成的；在构思创作到建造实施这一漫长的过程中，它被太多人经手；最终完成之后它也不可能被供在玻璃罩中而是屈从于主人的兴致。如果建筑如此，那园林则将更甚。杰里科此处论述中的园林主要指附属于庄园建筑、私有性质的传统园林，可以想象，在现代公共景观中这种开放性与不确定性必会大大增加。

## 3.4 “白”的内涵设定

### 3.4.1 重拾“白”之精神性内涵

本书的基本观点是，表现为尊重、留存场地原置的设计行为，当且仅当其遵循某种相当于艺术中虚白的关于场地精神性内涵的考量时，才可以被归入场地留白的范畴。在当代景观设计研究的语境下，“白”的精神性内涵是以人有意识地设计、改造场地的持续活动为表现的人居于环境的整体状态，它以物质形态的场地为载体，强调人内在于环境的定位关系，并将这种活动视为一个持续演进的过程。

1.“白”之哲学背景

庄子哲学是在纯观念的世界中探讨人存在的问题，传统艺术中作品空间的整体自然世界是其在纸面的投射。20世纪哲学的一大重要转变在于对时间意义的发掘，以海德格尔（Martin Heidegger）哲学为代表，将时间引入存在的问题，使物质与精神统一，当代景观中对于“环境”“景观”“场地”等基础概念的认识皆深受其影响。

当代环境理念最重要的基石之一是对人与环境关系伦理层面的认识，工业时代技术的极速发展所引发的生态危机是导致环境伦理发端并迅速获得世界范围共识的直接原因，所以环境伦理通常被认为是一种人类生存危机下产生的限制性伦理。但环境伦理的价值更在于认识上，它标志着伦理学发展史上首次将非人主体纳入伦理的范畴，赋予了环境类似于人的价值属性，凸显了环境的主体人格。海德格尔常被环境伦理学研究者视为环境保护理念的先驱，早在20世纪上半叶，他就在著作中批判了现代技术“框架（ge-stell）”的本质，认为“土地和天空，人和神之间无限的关系被摧毁了”，由此发出了“只需从无度的破坏和掠夺向后退一步”的“拯救地球”的倡导。显然，海德格尔倡导的出发点绝不仅是为了维持人类作为一个物种持续地在地球表面繁衍生存，他所指的是“居（dwelling）”，《建・居・思》一文中海德格尔指出了“居”的重要性：“人存在于大地之上的方式就是居……居的基本特性是留存与保护（sparing and preserving）”。在这样的视野下，作为景观设计对象的场地就不再是单纯的

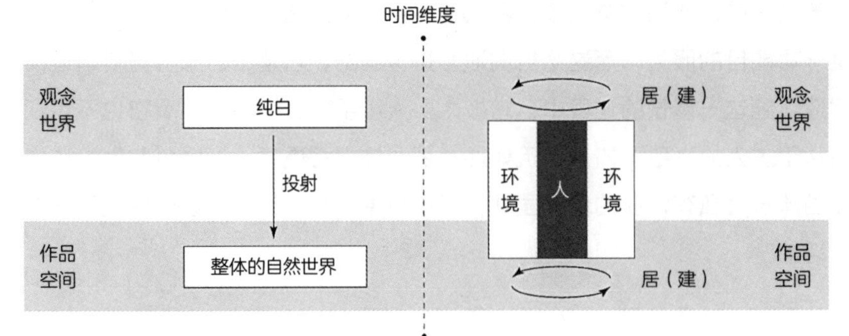

（图3-11）

实体物质或能量循环体系，在“建（building）（也就是居）”的两种方式——养育式的耕作和创制式的建造中，场地都是不可缺少的直接参与者，它持续地承载、见证它们的发生（图3-11）。

这样的认识是当代景观设计中留存性设计决策的重要基础，甚至对“景观”概念本身也产生了深远的影响，斯本在《景观的语言》开篇将其定义为人最初的居所：“人类与植物、动物一同进化，在蓝天之下，在沃土之上，在清水之畔”，柯南（Michel Conan）也提出景观应被视为人居于世的一部分。受海德格尔哲学的启发，舒尔茨（Christian Norberg-Schulz）在《场所精神：迈向建筑现象学》中系统地阐述了场所的精神性，将场所定义为“一个由具有物质本性、形式、质感、颜色的具体物所组成的整体”，认为日常生活世界中“既有的”具体的、无形的现象是我们存在的“内涵”。

2．景观设计研究语境下场地精神性内涵的界定

显然景观设计这样的应用研究中不可能直搬哲学的研究成果，但哲学上的认识是场地精神性内涵产生的基石。

在当代景观设计研究的语境下，场地的精神性内涵表现为人持续居于环境的整体状态，它以哲学中关于“居”的认识为基础，是其结合场地本体特质并适应景观设计研究范畴后，对“居”在场地空间中表征的一种界定：作为研究对象的环境指的是场地环境，即实体的地表景观；另外，作为“居”的实质的“建”，表现为与场地有直接接触、改动的实体营建过程。那么，场地的精神性内涵可以被认为是，以人有意识地设计、改造场地的持续活动为表现的人居于环境的整体状态，它以物质形态的场地为必要的载体，是一种兼有物质和精神层面的抽象界定，总体上呈现出对场地精神性内涵的强调（为示区分，引自海德格尔《建·居·思》的哲学意义上的“居”在后文中以双引号标示）（图3-12）。

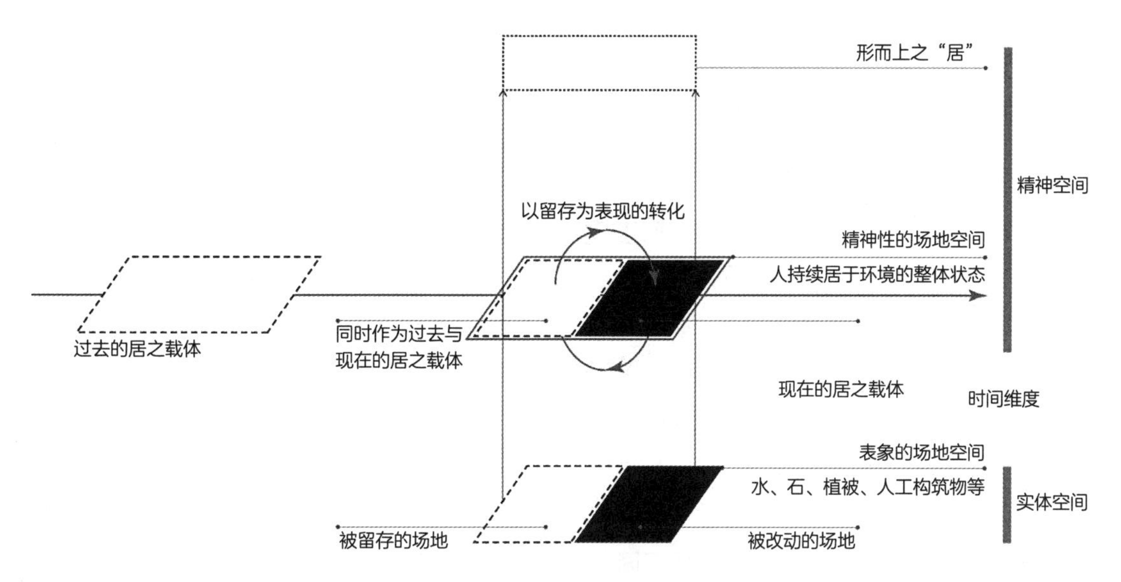


（图3-12）

如前文所述，对于“白”之精神层面的强调主要是基于两方面考虑：一是包括景观设计在内的设计学科关于留白的研究中，普遍存在着将形而上之“纯白”与平面构成意义上的“性状之白”直接对应的表象化倾向，这种倾向会掩盖“留白”作为一种空间组织策略的真正的价值；另一方面，在当代景观设计的理论与实践研究中“地”的概念显现出一种从母亲般的大地到工具般的场地的认识转变，其精神性内涵正在迅速流失。所以，本书希望借此定义突出场地精神性内涵的重要意义。

### 3.4.2 “表象之白”与“观念之白”的关系辨析

由此，作为“表象之白”的被存留场地的意义便十分清晰了，它既是人居于环境的活动在过去发生时的载体，又是其在现在发生时不可缺少的载体组成部分，而这种具有时间连续性的整体状态，是哲学意义上“居”之表征。换言之，不是出于这种认识而留存场地原置的设计行为不应被归入场地留白的研究范畴。

实体场地的表征效用，主要体现于它为内在于环境的个体提供了空间和时间的定位点。作为“表象之白”被存留的场地，在这种定位过程中有着关键的作用。

1．空间定位：场地实体作为“白”的载体

以人持续地设计、改造场地为表现的“建”的活动，不仅是人居于

图3-11　时间维度的引入对载体作用认识的影响

图3-12　景观设计语境下“居”与作为其表征的场地空间的关系分析图

环境的方式，也是场地从地球表面任一块土地成为一处有着精神内涵的场地的方式。通常情况下，设计、改造活动会在场地上留下各种各样的痕迹，塑造出场地的特质（identity），这一过程也对地域景观特征的形成具有关键作用。如摩尔（Kathryn Moore）所说："正是这所有的一切，我们持有的想法、价值观以及它们表达于物的形式，无论是绿色的、灰色的还是蓝色的，定义了我们自身……这种体验也正是自然更为确切的定义"。所以，实体的场地是人居于环境的过程最直接、最真实的载体与表征，它使人能够明确地位于某一地点，通过与具体的物质环境的互动关系，实现自己存在于该处的意义。

2. 时间定位：此刻的过去与未来

与传统哲学、艺术中的纯白世界不同，景观设计语境下的"白"，也就是人居于环境的整体状态，无疑是一个连续的进程。设计、改造场地的活动是持续进行的，那么作为其载体的场地也必然地被置于时间的维度之下。

时间定位中最为重要的是一种"此刻"的视角，它使人存于环境的状态得以持续，也是一个内在于环境的个体的定位点。此刻的视角建立于它与过去的联系与区别之上：首先是承认曾经发生于场地上的设计、改造行为，认可其物质表征的留存价值；但这种存留并不是文物般的存留，场地既是过去的载体又是现在的载体，须被整体地转化为当下，这样过去才能够成为过去，人居于环境的状态才得以在时间上持续。许多当代设计实践中出现了停滞于过去的现象，仅认可了场地作为过去载体的存留价值，把当下也做成了过去，犹如将场地放入一个时间静止的真空笼罩之中，反而使居的过程中断了。"此刻视角"的意义还在于预设了一个与它不同的未来，认识到随着时间的前进，场地也必然会不断地变化，从而为这种变化预留可能性。后文将作为个案研究的上海辰山植物园矿坑花园曾于2012年获美国风景园林师协会（ASLA）景观设计综合类荣誉奖，评委会给出的评语印证了设计中对以上三重时间视角的考虑："这是一个非常诚实的项目。它并不试图去遮掩自己，为存续矿坑的本体特质做了所有正确的事情。随着自然在其上逐渐留下斑驳的痕迹，它会比现在更美"。

### 3.4.3 与文化景观概念的关联与区别

其实本书对"白"的界定与"文化景观"的概念十分相近，都是对人与环境持续互动的整体状态的关注。狭义的文化景观是世界文化遗产的一种类型，又可称为文化景观遗产，根据《实施<世界遗产公约>操作指南（2015版）》中的定义，文化景观选择的依据主要是“突出的普遍价值、在特定地理文化区域中的代表性以及体现这些地区核心和独特文化元素的能力”，具有严苛的申报标准，至2013年6月全世界范围内仅有85处文化景观遗产获批。广义的文化景观概念诞生于人文地理学，林箐等在《风景园林与文化》一文中梳理了其概念演化过程，认为它的实质是呈现于地表环境的人类活动与自然的统一、叠合的关系。

不难发现，这二者都是从人类历史的视角出发在宏观区域尺度下的研究，也都更偏重于景观本体价值的发掘与保护（尤其是前者）。这两大特征也正是这里所界定的“白”与文化景观概念的主要区别所在：首先，以个体（或小群体）内在于环境的视角进行研究，研究对象是设计尺度的景观，更为关注个体（或小群体）生活史及其与所处的特定环境的互动关系，强调对于个体的文化关怀；另一方面，这一视角下的场地通常处于较为剧烈的变迁过程之中，设计工作多是以转化、改造为目的进行的，具有较高的自主选择性。

### 3.4.4　与舒尔茨场所理论的关联与区别

本书的研究也深受舒尔茨场所理论的启示，比如《场所精神：迈向建筑现象学》对日常生活视角的回归，以及认为场所是一种定性的整体的氛围呈现、提出人与他所处的环境的精神关联主要表现为“方向感（orientation）”和“认同感（identification）”等。

“白”在实体空间中的表征，是人持续地居于环境的整体状态，这样的界定与舒尔茨的场所理论最大的分歧点在于后者的体系中，场所的实体与精神是可以分离的。“一般而言场所是会变迁的，有时甚至非常剧烈，但这并不意味着场所精神一定会改变或丧失”，这句论述明确地揭示出了场所理论中的场所精神是一种地区文明史的视野下相对稳定的文化精神，书中案例研究的选取——布拉格、喀土目、罗马三个城市就是最直接的证明。正因为二者是可以分离的，所以正如全书最后一节标题“场所的重建”所阐明的，场所精神是可以通过重新创造而被延续的。在当代场地型设计中普遍存在的“提取——再现”思路，也是地域性景观实践中符号化倾向的重要源头。

## 3.5　“留白”的特征阐释

### 3.5.1　留的动作对象、程度与意义

“留”是一个含义明确的动词，尤其是在设计研究语境下，它意味着对设计动作施行的范围或程度进行有意识的缩减，结果是本可以被设计干预、改变的对象能够以设计介入前的状态

存续。那么本书论题中的“留”应从两个层面进行理解：首先是一种总体的认识，它确立了基本价值立场，即认为人持续地居于环境的整体状态是应被尊重的，设计活动不宜在有选择的情况下对其进行涂改或打断；另外在操作层面，“留”的动作对象是作为载体的物质实体场地，基于以上价值立场，它呈现为一种留存场地原置的设计做法。

在此需说明的是，操作层面的“留”是一种定性的表述，对场地原置的存留并不是如文物保护一般划定边界、完全保持其在设计介入前的状态，它是有针对性的、有程度差异的留存。通常情况下场地条件都会是非常复杂的，承载着数量庞大、种类繁多的信息，本书的研究更偏重于那些能够体现一定历史时期人设计、改造环境理念的场地信息，尤其是一些在现有研究中因为不具备普遍、突出价值而被忽视的部分。另一方面，留所指向的是一个值域范围，这个范围的上限就是100%完全的保留，下限则是一个临界点，当改动大于这个值时场地实体便无法显现出原有的信息，失去了作为人居于环境的过程表征的价值。所以留的基本原则是保留这种价值。

那么，为什么要通过“留”的方式来保证“白”的存在与延续？设计是开放的命题，“留”的方式不是普适于所有场地的唯一解，但显然，“不留”的方式是很难达到上述目的的。因为实体的场地是人设计、改造环境活动的直接参与者与载体，成为其最真实的记录，因而具有难以替代的价值。另一方面，作为载体的场地是不可再生的，一旦被涂改、删除便无法恢复，意味着某一段历史物质载体的永久消失，也剥夺了未来的人们继续拥有它的机会，所以如此的设计决策更需谨慎。

### 3.5.2 以转化为目标的留存

作为表象之白被留存的场地最核心的特征在于它同时是过去的居之载体和此刻的居之载体，所以场地留白设计策略中的“留”并不是隔绝式的保护或消极的搁置，它是以将场地整体地转化为此刻的居之载体为目标的。也就是说，留存以转化为目标，转化以留存为前提，两者不可分离。本书在论题中刻意强调“留”，主要是为了凸显场地实体作为人居于环境整体状态最直接、真实载体的基本认识，从而与其他对场地实体持模棱两可态度的，以创造、移植、再现为策略的场地型设计策略作区分。

与“留”是一个定性的概念相似，转化也很难有某种普适的标准，但可以用反向的思路作判断：比如在设计结果中删掉被留存的部分，场地新的使用方式将不再成立的话，那么基本可以认为留存部分实现了融于新的使用方式的转化。

### 3.5.3 “留”的过程与结果之辨

“留”的动作直接地表现为设计的局部不作为，但是不作为发生的动机是迥然有别的，在此必须对几种同样表现为留的设计策略作区分，以更明确地界定本书的论题。首先是作为过程的留白与作为结果的留白，按前文所述，景观设计中留白的策略是有明确目标指向的，它要创造一个此刻于此地的定位，因此作为设计上的减省是以实现既定目标为前提的，“留”的结果就是设计意图达到的结果，而非设计意图达到之前的过程状态。

学界存在另一种对留白的理解，将其视为过程状态，尤其多见于城市发展问题的研究中，如清华公共管理学院殷成志提倡城市发展时要注意留白、勇于留白，从而可以把一些重要区域的发展留给后人，保证城市长期的高速增长；北大经济学院冯科则建议在城市规划时留出部分可变用地并称之为浓墨下的一点空白。在这些研究中，留白常与分期规划、预留可能性、弹性规划等理念相关，总的来说是倡导削弱现行规划模式下单次设计的绝对主导权，从而赋予空间未来的开发与使用者更多的选择的空间，或者延长规划设计的周期以提升方案的合理性和适应性，留白被视为白地，与前文对景观设计研究中“留”与“白”的界定有着截然的不同。

其实当代景观设计中，有着大量借助自然力、人力等外力实现设计目标的案例，很多都可被归为过程状态的“留”。一个典型的案例是West 8事务所的东斯尔德大坝景观改造项目：1992年West 8事务所受委托清理塞兰德海域修建大坝而留下的堆满建筑垃圾的工地，将附近蚌养殖场废弃的蚌壳排列成3cm厚黑白相间的富有荷兰艺术特色的图案，成为海鸟栖居繁衍的家园。而随着时间的累积，这一层蚌壳将在自然力的作用下逐渐消失最终成为沙丘地。巴黎雪铁龙公园的运动园（Garden in Movement）更是完全不约束植物的生长，甚至人行的路径也是逐渐被踏出的，植物的自由生长以及人的活动的持续发生促生并不断改变着公园的基本面貌。

### 3.5.4 “留”的主动与被动之辨

本书中“留”的另一特征是主动性，景观设计所面对的对象，是复杂开放且尺度差异极大的地表环境，在很多情况下设计可改动的范围都因伦理、经济、技术等问题而受到限制，局部的“留”成为一种被迫的选择。在严格的意义上，不得不为之的“留”不能被理所当然地归入本书的研究范畴，还须对其设计意图作进一步辨析。

被迫之“留”的选择与主动之“留”的选择其实并不是互斥的关系，相反，很多时候前者还会成为后者的诱发。设计师在面对被迫要有所留的困境时所采取的态度很可能是不一样的：有些设计方案仍试图以被缩减的介入实现场地整体的转化，从而使居的过程得以延续；而另一些则可能只局限于被缩减的设计范围之内而放弃了对设计无法直接作用的空间范围的控制，这种情况则应被排除出本书的研究范畴。

### 3.5.5 设计之“无”

**一处景观，并不像设计师坚信的那样，必须通过物质的转变来创造。**

**——拉索斯（Bernard Lassus）**

1．设计的不作为形态

场地留白最直接的表现特征是在设计结果中存在未被设计活动改变实体性状、仍然呈现出设计活动介入前状态的场地（如本书3.3.1节所述，这是一种定性的描述）。可以借用物理学“做功”的概念来描述设计对场地实体的改造活动，那么被留存的场地也就表现为设计未直接做功的场地。显然，不是所有未被设计直接做功的场地都能必然地被归为场地留白，作为留白之白的场地还须显现出设计的控制效力，隶属于一个整体的转化计划。

场地的留存是以转化为目标，转化则以留存为前提，对应于设计动作，就是局部的不作为是以整体的作为为目标，整体的作为是以局部的不作为为前提，两者构成了一个不可分的整体逻辑。所以，尽管设计直接做功的场地和设计未直接做功的场地可根据表现结果分为有着明确界线的不同部分，但设计作为的部分与设计不作为的部分在逻辑与内容上与艺术创作中的黑与白一样是无法单独存在的，是不可分割的整体（图3-13）。

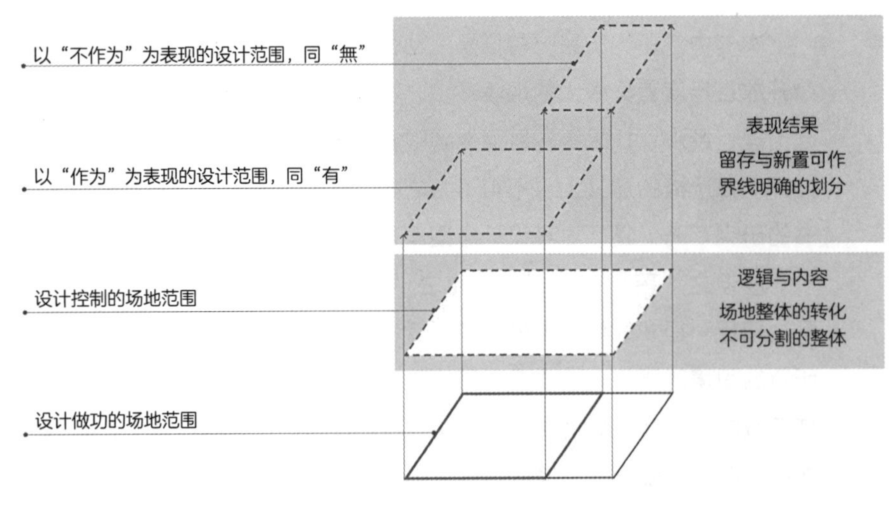


（图3-13）

图3-13　设计的两种表现形态及关联关系分析图

未被设计直接做功的场地在结果上呈现为设计的不作为，但此处不作为是为了实现整体的转化意图而采用的行动方式，是设计活动的另一种表现，作为与不作为可以被理解为设计的“有”与“无”两种表现形态。本书的基本观点是“设计”≠“做功”，设计活动并不仅仅表现为对场地实体的添加、改建动作，没有做功的作为同样是一种设计方式，同样可以内含复杂的思考与决策过程。实际上，带有一定意图的不作为往往会对设计能力提出更高的要求，因为于设计者而言，不作为、如何不作为的决策通常需要比作为、如何作为的决策更需要深入、严谨、精心的思考过程。柯克伍德（Niall Kirkwood）在介绍仙游岛公园完全保留厂房原样任其暴露于自然之中的设计理念时也特别说明了此处的设计即为不设计，因为“不设计”是建立在调查、研究、评估、决策等一系列工作的基础上，因而实质上是一种高级的设计。

由此可知，场地留白设计策略中“黑-白”关系的判断所针对的是设计行为的性质，而不是设计结果的性状。其实在绘画等艺术门类中“黑-白”关系本质上也是关于行为性质的描述，但因为其创作的介质是抽象的素白纸面，所以作为的部分、不作为的部分便自然地与结果性状淡弱、结果性状浓烈的部分直接相对应了。简言之，没有被写画的地方必然是白的，被写画的地方必然是黑的，反向的推论在绝大部分的情况下也是成立的。但景观设计的介质是自身带有丰富信息的场地空间，所以这种对应关系失效了，从结果来看，留白之白并不必然地对应于景观实体空间中某种类型的对象或某种物理性状。

### 2. 设计思路的转变

哈佛大学设计学院的特兹蒂斯（Kostas Terzidis）在《设计的词源：前苏格拉底式观点》（*The Etymology of Design: Pre-Socratic Perspective*）一文中回溯了“design”的希腊语σχέδιο词根σχεδόν的意义网络，指出在希腊语语义中“design”指“不完全、不确定、模糊不清的东西以及去捕捉、俘获它们的努力”。

场地留白设计策略中所展现的，也是一种致力于发现、捕捉的统筹思路，设计作为的部分其实承担着与设计不作为的部分建立关联、实现整体转化的任务。被留存的场地部分之所以能够被识别并被融入场地现在的使用方式之中，主要还是因为设计作为的部分遵循一定的整体布置计划使它发生了性质上的变化，所以这两部分在逻辑与内容上是不可分割的。也就是说，设计在总体上秉承的是一种着眼于关系的、致力于发现与统筹的思路，这正是场地留白的设计策略与对留白有着表象化理解的设计策略的区别所在，表象之白若要在观念性质的“白”形成过程中发挥作用，须从属于一个具有精神性内涵的整体布置计划。

## 3.6 小结

景观设计语境下的留白研究能够与绘画、书法等其他艺术门类相剥离的主要原因在于创作介质的差别。场地是有形有质的多维现实空间，是人的生存、生活环境，关于场地的决策还不可避免地涉及环境伦理——这些不同于纸面空间的特殊性质是“场地留白”概念提出的基础。

当代景观设计研究中同样存在着对留白表象化理解的倾向，即认为留存场地原置的设计行为会必然地指向形而上之“白”。但事实上，表现为尊重、留存场地原置的设计行为发生的原因是多样的，当且仅当其遵循某种相当于艺术中虚白的观念性认识而具有关于场地精神性内涵的考量时，才可以被归入场地留白的范畴（图3-14）。

（图3-14）

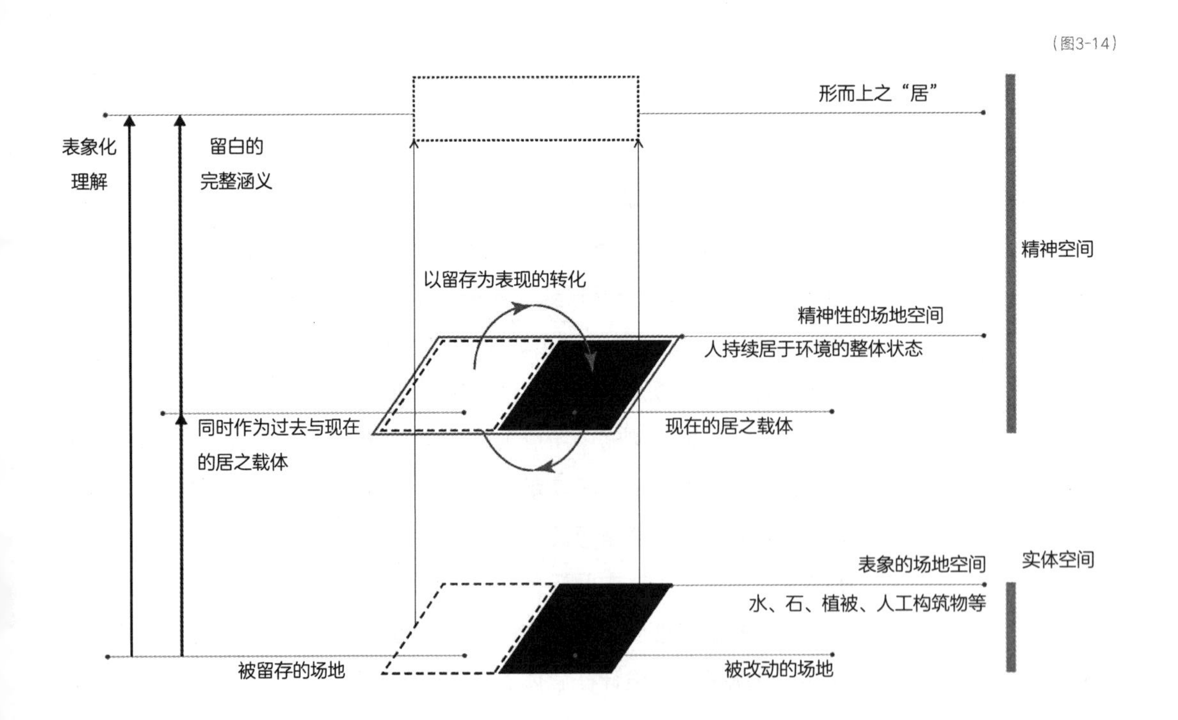


图3-14　场地留白的表相化理解与完整涵义对比分析图

传统哲学中的虚白是在纯观念世界中探讨人存在的问题，海德格尔哲学则将时间引入存在问题，“居”与“建”相统一的观点对当代环境意识产生了深远影响。在景观设计研究的语境下，“居（建）”在场地空间中的表征是持续的、涵盖了物质与精神内容的人居于环境的整体状态，场地留白的精神性内涵就是对这种状态的维护，包括物质载体的维护，也包括时间维度的维护。由此，作为表象之白的被存留场地的意义便十分清晰了，它既是人居于环境的活动在过去发生时的载体，又是其在现在发生时不可缺少的载体组成部分，这是它的重要性所在。在这样的认识下，场地留白设计策略中的留存便不是隔绝式的保护或搁置，它是以场地向现在使用方式的整体转化为基本的目标。

综上，在当代景观设计研究的语境下，场地留白是一种以实体留存为表现基础的场地整体转化策略。

7 6 5

# 第4章

## 场地留白的价值分析

## 4.1 内含了人与环境双向关联的统一

有时候，一个场地最吸引人的特质不是场所中的实体，而是我们的回忆和梦想穿过时间和空间与之相联系的一切。

——查尔斯·莫尔等（Charles W. Moore et al.）

### 4.1.1 景观设计中人与环境关联的双向性

布拉萨（Steven Bourassa）在《景观美学》一书中对比了两幅描绘澳大利亚森林景观的画作，一幅由澳大利亚殖民时期的风景画家圭拉德（Eugene von Guerard）所画，画中是正被农夫砍伐的林中空地（图4-1），另一幅由罗宾逊（William Robinson）作于1988年，展现了画家在丛林中抬头而见的阳光穿过树叶缝隙洒落而下的景象（图4-2），布拉萨认为前者表现出“分离的审美经验”，而后者则属“介入的审美经验”。

（图4-1）

（图4-2）

杨锐在《“风景”释义》中提出，“风景”在过去、现在、将来都是人和自然互动关系的显现，斯本也曾以丹麦语landskab和德语landschaft的后缀与“-ship”同样表示关联为证，强调“景观是根植于人与场地的关联之中的”。可以认为，景观所显现的，并不是单独的人或自然，而是人与自然的关联；景观设计试图作为的，既不是建立人类作为个体或群体的秩序，抑或自然界的秩序，也不是将人类群体的秩序赋予自然或者将人类发现的自然秩序再次应用于自然，而是如哈里森（Robert Pogue Harrison）所说，“给我们与大自然之间的关系赋予秩序”。

景观设计语境下人与自然关联关系的特别之处在于它的发生是双向的。在这种关联关系中，两者并非语法所暗示的那种对等或并列关系（尤其在应用型学科中），因为人的特殊性是必然的，设计实践与研究的主体及服务的对象都是人，人由此获得了双向视角，而风景园林学研究对象在其尺度巨大的变化区间更是强化了这一特性。一方面，人的抽象思维使他可以成为一个外在者，将包括人在内的所有地表环境想象为一个独立存在、运行的系统，致力于通过归纳、预测、试验等手段发现并掌握系统运行的规律，从而能够运用规律与技术来影响这个系统。这种关联方式承自理性主义的传统，将景观视为可测、可分的物质与能量集合，以抽象的结构关系实现人对整个系统的控制，可被称为人与环境外在型的关联。而在另一种内在型的关联中，人是作为一个内在者处于环境之中的，如本书第3章力图论述的，环境是人生存、生活发生的载体，人在持续地设计、改造场地的过程中与环境建立了亲密的关联关系。

法国哲学家阿多（Pierre Hadot）在《伊西斯的面纱：自然的观念史随笔》一书中区分了人类揭示自然奥秘的两种主要方法，称之为普罗米修斯式的方法和俄尔普斯式的方法，前者持实验探索的态度，主张用技术解开自然的面纱，而后者则将手段限于具身的感知，主要运用哲学和诗意的言说——这两种传统正相遇于当代景观的理论与实践之中。

图4-1 卷心棕榈树，美国克里克，新南威尔士

图4-2 阳光下的树丛

### 4.1.2 当代场地认识的偏向问题

伯恩斯（Carol J. Burns）等在《场地的重要性》（*Site Matters*）一书的前言“场地为什么重要（Why Site Matters）”中阐述了与两种关联关系相似的观点，他将人可以获得的关于场地的认识分为客观事实和主观知觉两大类别：在理论科学家的视角下，场地被看作一个地点或一系列普遍的关系；而在另一种主体的视角下，场地对某个个体或群体基本的世界观、社会处境均有重要的意义。他将前者称为“去中心的（de-centered）视角”（与外在型关联类似），后者称为“中心的（centered）视角”（与内在型关联类似），认为理解场地最佳的视角必然是介于两者之间的，并针对当代景观设计与研究中过于偏向前者的现象提出了批评。事实上，大多数力图发掘、利用、保护场地本体价值的设计策略都存在对人与环境外在型关联过度偏向的问题，很多情况下外在型与内在型的关联还被视为对立的关系（图4-3）。

1．偏向一：过度偏向于外在型关联

20世纪中期开始，随着生态学的迅速崛起、航拍及数字化制图等技术的发展，以及景观与城市规划边界的日渐模糊，将地表环境视为按一定客观规律运行的系统，并应用这些规律优化设计的理论与实践几乎成为景观设计的主流。如此现象发生的原因是综合的，从伦理上看，在生态危机与人口压力日益增大的当代世界，在外向型关联视角下协调人类生活环境内部以及它与自然环境的关系是极为必要的；而从操作上看，自然或人工地表环境在一定条件下确实会呈现出一些可以用量化模型准确描述、预测的变化、发展规律，使这种设计策略具有了普适性，且易于传播。

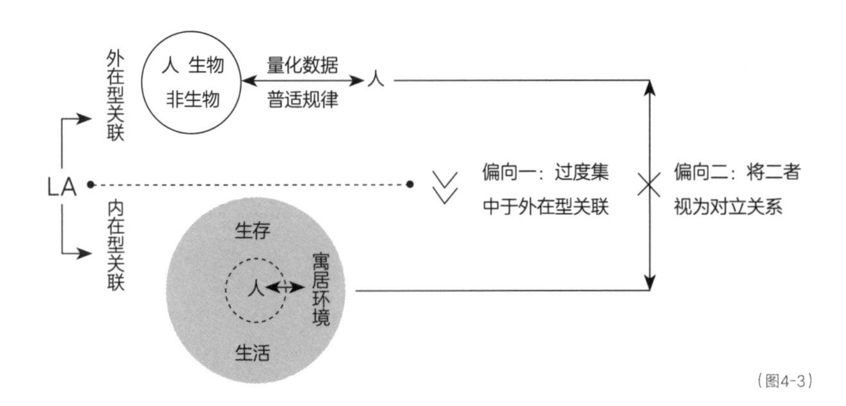




图4-3　当代景观中场地认识的两种偏向分析图

实际上外在型关联视角下衍生的认识与方法本身并无舛误，其在学术与实践中的价值是毋庸置疑的。然而西蒙（Herbert A. Simon）早在20世纪60年代便提醒人们，工程、设计院校普遍存在偏向自然科学而远离人造科学的趋势，主要是因为大学对“高尚的学术性”的渴望与追求——它要求科目在学术上是硬性严谨的、分析性的、形式化的和更具可教性的，然而设计却是软性灵活的、直觉的、非正式的，因此对于外在型关联的过度偏重显然会有悖于设计学科的本性。在景观设计中尤是如此，若两者在实践与研究方面所占的比例出现过度失衡的话，便有可能对景观兼有人与环境关联双向性的特质造成威胁，如摩尔的忧虑：景观正被困于技术的滞水之中，没有创意、体验、表达与形式，取而代之的是关于细部、组件、指标、配额的量化与识别。

2. 偏向二：将二者视为对立关系

单向关联的绝对优势很容易演化为外在型关联与内在型关联的对立。特雷伯将1969年《设计结合自然》出版后涌现了大量将生态规律奉为圭臬的设计的时期称为“一个生态凌驾于一切之上的时代（a decade of ecology-over-everything）”。两种关联对立的原因是，景观设计研究与实践中长期而广泛存在着的关于规则式对自然式、艺术对生态等一系列相反相成的体系之争，将它们视为对立关系的论著尤其多见于20世纪八九十年代，当代研究中对于场地价值理与魅之间的长期争辩就发生在这样的背景之下，丁奇等在《“失魅中的返魅”——寻常景观认知及其自反性思考》中指出了当代学界为争夺话语权而强化彼此对立关系的现象，认为尖锐的对立越来越沉浸于“应然”而远离了场地本体“本然”的状态。

无数的理论与实践都证明了这种单向关联具有绝对优势的设计、研究思路显见的局限之处，摩尔就曾抱怨理所当然的理性主义直接将“设计”推向了主观、神秘的疑云，造成了教学与研究的困境。毫无疑问，人与自然双向的关联应是同时存在、彼此促进的，法国超现实主义画派的发起人布列塔尼（André Breton）曾这样断言：“关于自然的科学知识只有在被诗意的——我敢说是神秘的——方法重构时，才是有价值的”。斯本也提醒道：“如果单纯地把某些景观归为‘自然的’，而另一些归为‘文化的’，便会错失这样一个真理：无论多么遥远的景观，都无法完全地被归于其中任一个单一的属类”。现代景观的发展历史上其实不乏两者兼顾的优秀案例，比如常被冠以“艺术与科学的结合”之称的哈格里夫斯（George Hargreaves）、West 8事务所的设计等。

### 4.1.3 场地留白的设计策略中两种关联的统一

场地留白的概念中先天地内嵌了人与环境双向的关联结构。一方面，它重视场地的精神性内涵，致力于维护人居于环境的整体状态，这种状态是具有时间维度的，整合了物质与精神内容。由3.4.2节中的分析可知，被存留的场地的重要性正在于它同时作为过去与现在人居于环境的物质载体，这种在人与环境内在型关联视角下展现的精神性内涵，是将它与其他表现为留存场地原置的设计策略相区分的核心特质。而另一方面，由3.5.3节中的分析可知，场地的留存是以转化为目标，转化则以留存为前提，对应于设计动作，就是局部的不作为是以整体的作为为目标，整体的作为是以局部的不作为为前提，二者构成了一个不可分的整体逻辑。不仅如此，与绘画中的黑-白关系相似，景观设计中作为与不作为的部分在位置、形态等表象上也互相定义。所以，设计者要能够以一种相对外在而独立的身份获取全局视角，从而整体地把握设计作为与不作为两部分的逻辑与形态关系。

总的来看，场地留白的精神性内涵与作用方式分别对应了人与自然关联关系的两个向型，可以说在场地留白的景观设计策略中双向关联的发生是必然的，不会也不能偏废其一，从而在一定程度上避免了对单向关联过度偏重或将二者对立的问题。

## 4.2 “白”的认识强化了环境伦理的内在维度

在有选择的情况下，关于场地原置留存或改动的选择问题，必然关涉环境伦理。与绿色技术、可再生能源等相似，场地留白并不是一个伦理中性的技术性术语，作为一种场地设计策略，它内嵌着一种自我抑制、尊重环境延续性的环境伦理立场。

### 4.2.1 环境伦理发展简述

**今天，这些有着远见卓识、好为人师的人们似乎从未想过，大自然创造动物、植物，可能首先为的是每个物种的福祉，而并不只是为了创造人类的福祉。**

——缪尔（John Muir）

在工业时代后期，伴随着全球意识的崛起和环境危机的到来，人类开始了对技术、人与环境关系的反思，促生了环境伦理学，使伦理的范围第一次拓展到了非人的世界，适当地抑制人类的作为以尊重、保护环境早已成为世界范围的共识。

环境伦理的萌芽可追溯至18世纪，事实上，在生态学发展的每一个阶段，都不可避免地涉及人应以怎样的方式将自己置于这个大体系的思考，对此沃斯特（Donald Worster）在《自然的经济体系：生态思想史》中进行了梳理。生态问题在当代世界是如此重要，以致贝里（Thomas Berry）提出了“生态时代（The Ecozoic Era）”的概念，认为“我们需要在生命系统共同体中重塑人类”。1948年出版的《沙乡年鉴》一书中，利奥波德（Aldo Leopold）提出了扩大伦理学范围，“使之包括土壤、水、植物、动物等的大地伦理（The Land Ethics）”，他也被认为是环境伦理的奠基人。1962年《寂静的春天》出版，卡逊（Rachel Carson）列举了大量因化学品的肆意使用而产生的严重的环境危机以及它们对人类生存构成的威胁，呼吁“我们必须和其他生物一起分享我们的地球”。1968年罗马俱乐部成立，相继发表了《增长的极限》《人类处于转折点》等著作，指出了因环境恶化而使人类面临的困境与危机，与之相伴的是环境问题逐渐引起了世界范围的关注，《人类环境宣言》《我们共同的未来》等纲领文件的发布进一步明确了环境保护的目标与全球协作方式。

1975年芝加哥大学主办的《伦理学》（*Ethics*）杂志发表了罗尔斯顿（Holmes Rolston Ⅲ）的文章《生态伦理是否存在？》，文中系统地论证了将生态系统纳入伦理范围的可行性，并在派生意义的和根本意义的生态伦理的比较中指出了生态由科学转向伦理的路径，被视为环境伦理学的重要奠基作，罗尔斯顿本人也在国际环境伦理学协会及《环境伦理学》杂志的创办中贡献了关键的力量。迅速发展起来的关于环境伦理的研究体系内部实则观点纷呈，罗尔斯顿在1993年就曾列举了多达12种类型，时至今日必然有增无减。多数研究者将这些学派分为两大阵营：人类中心主义和非人类中心主义，后者无疑占据着主导地位；非人类中心主义又包括基于个体价值立场的动物解放论、动物权利论等和基于整体价值立场的大地伦理、深生态学等。也有学者根据理论基础来源将环境伦理学分为移植、延伸传统伦理学概念的，利用生态学基本原理的，以及集中关注社会正义的。

尽管学派林立，但在环境伦理的发展中可以清晰地辨识出作为其标志性基础的整体论思想，人类中心主义和非人类中心主义之间的长期论战、自我修订以及调和性的尝试实则反映出了单纯地以人为中心或者以自然为中心的思路都难以在合法性与自洽性上做到完美，因为这样的主张与它们的根基——人与环境关系的“去中心化”相悖——环境伦理最重要的贡献之一，就是赋予非人类环境元素以与人相像的属性及价值，从而晃动了理性主义传统下“我”的边界。

### 4.2.2 生态vs环境——环境伦理的向型辨析

**当代景观更多的是从生态中借鉴客观主义的、工具性的模型，与此同时，设计的创造性被频繁地缩减于技术性地解决环境问题或提供美观的外表。**

——科纳（James Corner），1997年

1．生态≠生态伦理≠环境伦理

环境伦理研究思潮观点纷呈的局面下产生的一个负面结果是概念的混杂，甚至“环境伦理”自身的定义也不甚明朗。

1866年海克尔（Ernst Haeckel）将希腊语词根“oilos（房子）”与“λογία（学问）”组合生成了“oecologie”，被学界普遍认为是“生态（ecology）”一词的雏形，最初是关于生物与外部世界关系中动物间关系的生理学的一部分；在1869年的演讲中海克尔将其明确为一种知识体系，是对动物与其所处无机环境、有机环境的所有关系的调研。此后坦斯利（Arthur Tansley）提出了“生态系统（ecosystem）”，欧德姆（Eugene Odum）进一步阐释了“生态平衡”的系统运作规律——在环境伦理成为显学之前，现代生态学的的基础框架已经成型。

尽管两者之间可能存在着更为复杂交织的关系，但生态伦理大体上是依据生态学的基本原

理对传统伦理学的范畴进行拓展并对内容进行改造的学说，其中生态学框架的基本特点是非常鲜明的。虽然生态学的研究对象已涵盖了包括人在内的整个地表，人类作为一个组成元素也不具有什么特殊性，但这个系统背后隐藏着的是人类的另一种身份——在试验台前观察、研究、判断，甚至左右整个系统的独立于该系统之外的人，他试图以量化的图表、数据记录分析并得到关于对象的某种具有普适意义的规律，像词根所暗示的，那是一种知识、学问。在此呈现的仍然是一个主客二分的等级化世界结构，人与作为他研究对象的生态系统之间实则有着一条隐形但不可逾越的界限，各种生物、非生物元素之间通过物质流、能量流等数据化的循环网络建立起关联关系，在早期被划入科学体系中的生态学尤是如此。局外人视角中规律的维系与整体的平衡成为评价生态系统健康与否的标准，在从生态问题出发的伦理探讨中，它们衍化成了约束人类活动的道德准则，也就是生态伦理学的基石。

在反观环境伦理的时候首先要再明确一下“环境”的概念。据威廉斯（Raymond Williams）考证“environment”一词出现于19世纪，意为周围的环境（surroundings），最为接近的法语词源“environner”便意指环绕。其实“环”“境”这两个汉字非常清楚地解释了这个词的涵义——环绕着某物的境域。那么，环境伦理就是关于人及环绕人周边的实体与非实体构成的空间环境的伦理上的思考。“环境”所展现的，是一种中立的自我对背景的位置关系，而不是中心的主体对边缘的客体，或者旅游者对风景的已预设了等级判断的关系。所以，环境伦理其实是比生态伦理更宽泛，或者说更高一个层级的概念，它是包括生态伦理在内的各种关于人与他周边环境的伦理关系学说的群体，生态伦理则是其中从生态学原理出发的极为重要的一个分支。如上文所述，被划入科学体系的生态学是以外部视角对人与环境关系的一种考察，因此如果反过来把环境伦理等同于生态伦理，就是对环境伦理的一种缩减，这一点在当代景观理论与实践的发展中得到了验证。

2．环境伦理的两种向型

据4.1.1节中关于人与自然关系双向性的阐释，可参照罗尔斯顿的技术路线，对环境伦理作如下两个向型的推演（表4-1）：

外在型环境伦理基于对包含人类在内的地球生态系统完整与稳定的价值认可，提出应该维护生态系统的道德义务前提，生态系统的维持依赖于系统中各组成部分物质、能量的循环与平衡，因此它成为近切的道德义务。

内在型的环境伦理是从“环境中”的视角出发，认为人所处的物质与非物质的环境是其存在的基础，人的各种活动须以环境为介质进行，而人的思想、行为在不断地改变、塑造环境——一定程度上，人与环境是相互定义、相互依存的，如科纳对生态概念的拓展“‘生态’在意识形态上从不是中立的……它是一种特定的观察与关联自然的方式”，所以人所寓居环境的稳定与延续是有价值的。基于这样的价值判断，得出了应该维持寓居环境的道德义务前提，又因为人与环境多种形式的联动及相互依存的关系创造并维系着寓居环境，因此它成为内在型环境伦理近切的道德义务。

表4-1 两种向型的环境伦理的推演逻辑

| 向型 | 近切的道德义务 | 规律 | 道德义务前提 | 评价与判断 |
|---|---|---|---|---|
| 外在型的环境伦理 | 促进物质、能量的循环与平衡 | 物质、能量的循环与平衡维持着生态系统 | 维持生态系统 | 地球生态系统的完整与稳定是有价值的 |
| 内在型的环境伦理 | 促进人与环境的联动及相互依存关系 | 人与环境的联动及相互依存关系创造并维系着寓居环境 | 维持寓居环境 | 人所寓居环境的稳定与延续是有价值的 |

### 4.2.3 景观中“生态”认知的转变

生态学与风景园林学的研究对象、研究问题在很大范围内都是重叠的，前者对后者的影响是如此强烈，以致任何一个从事景观规划设计、研究工作的人，都不可能对生态的概念充耳不闻。在环境伦理迅速崛起的时期，生态学的基本原理因其规律的可预测性、普适性以及毋庸置疑的合法性而强势地成为景观规划设计最重要的法则。然而正如前文所述，生态学天生的对人与环境外在型关联的偏重也成为不容忽视的问题。

亨特（John D.Hunt）指出，自然在伦理上所具有的优越性在景观中被形式化了，具有更接近自然过程所产生的形态的景观天然地被认为是“好的（goodies）”、而规则式园林等人工痕迹浓重的景观则是“坏的（baddies）”……然而事实却是，所有的设计都是“结合自然”的，所有的设计也都是“结合文化”的。科纳在《生态和景观作为创造力的媒介》（*Ecology and Landscape as Agents of Creativity*）中对景观中两种主要的应用生态学原理的设计策略进行了批判：资源论者将景观视为可被人利用的多种资源的集合，设计的原则是在人类的需求和自然的体系间维持一种平衡；另一种是恢复性的生态策略，将自然的演进过程及维护，甚至再创造它的技术手段置于首要地位——它们不但没有克服，反而都强化了二元对立的等级世界结构。由此他提倡一种“更为生动的生态（more animate appropriation of ecology）”，其中生命被视作一种由网络、推动力、组合、延展、事件、变化等构成的特别而又自主的系统，设计是构建或者启动人类、场所、材料、土地之间关联与混合的多种形式，更像是中介、过程、积极的扰动和不断显现的潜能。

关于“生态”的概念与作用方式，尤其是如何将其应用于规划设计，是风景园林学界持续探讨的焦点问题，近几十年来涌现出多种角度出发的对生态学理性主义传统进行调和甚至瓦解的努力，人们对生态设计原理及与方法的认知都发生了显见的转变。其中较为典型的是生态学框架内审美、弹性等理念的出现：威特（Catherine Howett）在1987年提出一种“基于生态的美学（ecologically-grounded aesthetic）”，试图消解长期存在于生态学的科学性与形式美感之间的隔阂，呼吁一种反映时代精神的设计追求；斯坦纳（Frederick Steiner）在2016年出版的《景观是规划吗？》（*Is Landscape Planning*？）中写道：“当我们通过规划来让人类避开有害的方式、强化生态系统服务、恢复城市创伤并制定大尺度的规划方案时，一种新的生态审美出现了，它包含了通过感知与自然、文化过程建立起的关联”。约翰逊（Bart R. Johnson）等在2002年指出了生态学正经历一个迅速变化的时期，它不再预设一个“自然的平衡”，而从流与变的角度认识自然世界，多个二级学科的迅速崛起更是大大提升了生态学基本框架的复杂性和活力；斯本同样认为相较于追求稳态的可持续策略，弹性的规划对城市设计者是更为适用的；利斯特（Nina-Marie Lister）在《景观是生态吗？》（*Is Landscape Ecology*？）中总结了近几十年来生态理念的转变，它正转变成为一个开放、灵活、弹性并有适应性的有机模型，关注动态的系统性变化以及相关的现象，生态系统被理解为一个自组织的、某种程度上不可预测的开放系统。

### 4.2.4 “白”的精神性内涵对环境伦理内在维度的强化

人与环境关系的危机并不仅仅来自于生存层面，也来自于“居”的层面。海德格尔就曾明确地指出，“居”真正的困境，也就是人存在于世的真正困境，并不在于人口增长、世界大战，而是在于“人总在重新寻找‘居’的本性，总是去学习‘居’”。

在场地留白的设计策略中，被尊重、保护的环境是指作为人类持续地设计、改造行为对象和载体的所有物质与非物质的集合，它更偏重于其中精神性的关联，而不是物质、能量流动层面的关联。正因如此，被纳入伦理对象范畴的不仅有理想状态下演进的自然环境，还包括受自然力、人力干扰的，甚至人造的地表环境——某些在生态伦理的价值判断中可能被认为是消极类型的环境。事实上，后文作为重点分析的四个案例中，被留存的场地——杭州江洋畈堆积的西湖淤泥、巴塞罗那罗维拉山上的军事与贫民窟遗址、上海辰山的矿坑、地中海俱乐部的度假村——都很难被纳入生态学框架下应被保护的范围。

这些环境虽然不符合理想状态“完美自然”的标准，但它们却是人类为了生存、生活而对自然进行改造的结果，是特定历史时期人类所持有的自然观的物化显现，成为彼时人的居所。事实上，“landscape”的概念本身就含有明显的文化意味，杰克逊（John B.Jackson）指出在景观一词的现代用法中，被强调的不仅是我们的身份和存在，还有我们的历史。而据基诺特（Christophe Girot）的研究，法语“paysage”不仅包括环境和生态的议题，更指向整个国家的精神状态以及其特质和文化归属的演进，由此产生了一种深层次的时间延续性。场地留白的策略并不仅限于对场地实体进行“出土文物”般的保存，它还试图依现时需求置入新的体系并与场地原置发生密切的关联，使人居于环境的整体状态具有了时间的延续性与层次。所以，对这一类环境的尊重、保护以及时间维度下的转化展现出了有别于生态伦理的另一种环境伦理，即人与自然内向型的关联视角下的内在型环境伦理。

然而须要说明的是，场地留白对内在型环境伦理的强化并不意味着对外在型环境伦理的放弃或否定。内在型环境伦理与以生态伦理为代表的外在型环境伦理相似，都是一种危机下产生的限制性伦理，对内在型环境伦理的倡导是针对当代景观实践中常常出现的对环境精神性价值的漠视或贬损现象。正如库哈斯对白板策略的总结，在当代的城乡建设浪潮之中，一处将要被规划、设计的场地通常被认为是消极的、存在缺憾的，或者无法达到某种功能与审美需要的，所以常常被理所当然地推平。当代景观实践所面对的场地通常不是纯粹的自然处女地，而是布满了多种人力干预过程所留下的痕迹（甚至伤痕），场地留白的设计策略旨在发掘并维系承载这一类信息的场地的价值，呼吁一种更为开放的环境认识。然而在此也很难对内在型环境伦理维护对象的具体内容作一个定式的界说，因为它在不同时代、不同地域、不同社会环境下会呈现出极大的差异性，须针对特定场地的具体情况作分析和判断。

## 4.3 场地留白是设计智慧性的展现

### 4.3.1 从“无”入手的设计思路

在应用研究视野下，设计可以被理解成为达成一定目标而向对象施以改造、重组等动作的活动，人的创造性主要体现在动作的选择过程中。一般情况下动作可由目标推导而出，两者之间存在直接的对应关系，目标是在设计结果的本体之内自足地实现的。然而“留”的动作在性质上属于设计动作之“无”，场地留白的设计策略由此展现出了一种反向入手的思路，从而颠覆了以“新建”为唯一途径的设计思路，成为关于“抹白”问题一种可能的解答。

在场地留白的设计策略中，“留”的目的并不是单纯的留存，而是在过去与现时的交叠中实现场地整体的转化，从而使人设计、改造环境的进程得以延续。在这个意义上讲，设计动作之“无”成为实现整体控制的一种手段，场地留白的策略中体现了一种从设计未直接作用的部分入手组织整体关系的设计思路。与空间认识上“无”的出现标志着人类抽象思维出现重要进展的意义相似，在设计中，从直接对应目标制定设计行动计划到以利用非直接作用的部分实现既定目标，也是一种智慧上的进步。

蒲松龄在《与诸弟侄》一文中教导后辈，作文的方法与古代大将之才指挥战役时须“识兵势虚实，而以避实击虚”的道理相通，得到题目后要先静思其神理脉络，“从实字勘到虚字，更从有字句处勘到无字句处”。其实中国传统艺术历来重视从“无”处入手的巧思，宋徽宗对画院考试试题的评判标准可被视作一个典型，他向来不中意直接而具体地表现绘画命题的答卷，而对表达上能够巧妙减省、在画幅之外实现主旨的作品大加赞赏，李唐仅以藏于翠竹之间一面迎风招展的“酒”字旗表现“竹锁桥边卖酒家”即被传为佳话。中国美术史学家巫鸿近年来持续进行着关于“缺席（absence）”的研究，在2015年11月受邀于北京大学建筑与景观设计学院的演讲中《阅读缺席——中国艺术史中的三个时刻》一文中，巫鸿将“缺失”定性为一种与“存有”相对的艺术表达方法，“一些特定的图像、装置及行为艺术并不意图提供其表现之物的视觉信息，而是有意地省略或隐瞒了这些信息”，将之称为“空白符号（empty signs）”。巫鸿认为“空”是比“实际”更能让人感动的艺术创作手法，并以多个案例论证对“空”的利用是超越时空和文化边界的人类共享的艺术创作策略。

“缺席”与“留白”其实是两个相似而又不同的概念，由2.1.1节中关于“无”字字源的研究可知，“缺席”所指向的“无”是一种“有而后无”，即“亡”，它预设了一个先前曾经出现过的完整状态，在与发生了缺失的现状的对比中揭示出现状作为一种残相的特质。但是，与“留白”须通过观者对整体关系的认知而确立自身意义相似，利用缺席的创作手法也要在观者对缺失部分的识别中实现意义，只是这种识别是有具体目标的，它明确地指向了那个曾经出现过的完整状态。尽管如此，将“缺失”视为一种比“存有”更能让人感动，甚至更为有效的创作方式的视角却是极具启发性的。利用缺失的设计策略与留白的设计策略相一致的意义在于其中创作思维的根本性转变，对“白”“缺失”等非显性结构所具有的效用的发现与利用，是人类设计智慧的集中展现。

### 4.3.2 全局性的控制方式

当代的风景园林学被普遍地视为一门复杂而开放的交叉学科（inter-discipline），历来对风景园林学科内核与边界的讨论颇多，但因自身庞杂的特性而一直没有定论。以人、自然为主体的二元结构体系使风景园林学的研究与实践中充满着诸多相反相成的体系，必然会引出对立元素之间制衡、协调、控制的问题，有研究者甚至用“博弈”一词来形容景观规划设计。一般情况下，比起规划、建筑等兄弟学科，风景园林，尤其是中小尺度的景观设计与它所作用的物质、非物质环境的亲赖程度是更高的，而且景观项目普遍的扁平化形态使各部分之间关系更易显露，所以很多情况下，景观设计可以被理解为一种创造性的统筹工作，要求设计者时刻保有全局的视野。

利用非设计直接作用部分实现设计目标的场地留白策略是一种着眼于全局的控制方式。因为“无”须在“有-无”的整体关系中发挥效用，所以从“无”入手的设计思路必须基于整体的视角，综合地协调各部分之间的关系，所以这种设计思路实则对设计者提出了更高的能力要求——他必须具有全局的统筹能力。同时，较少的作为也对质量提出了更高的要求，因为设计创造的部分必须更为准确、精妙才能够实现既定的目标。戴熙在《习苦斋画絮》中分辨了疏处与密处画法的不同，认为画疏处比画密处更难，原因是密处是从有画处求画，疏处是从无画处求画。“无画处须有画，所以难耳”，设计难度的增加也必然会促进设计水平的提高。

如此方式的优势也是颇为明显的：直观看来，因为设计能够实现对于它直接作用的部分之外的控制，就可以在设计介入度一定的情况下扩大设计的实际控制范围，使其能够覆盖范围更大、更为复杂的空间对象，这也契合了当代景观设计的特质。杰里科所著《图解人类景观》

（*The Landscape of Man*）开篇第一句话便是："世界正进入一个新的时期，其中景观设计很可能已成为各类艺术中最为综合的一种"，《增设风景园林学为一级学科论证报告》中也将风景园林学定性为一个"融合自然科学、人文科学和艺术学的交叉学科"。景观设计的主要对象是广博而庞杂的地表环境，相较于产品设计、建筑设计等，设计范围的增大、内容的增多是十分明显的，设计工作性质中协调、统筹的成分也往往多于新造的成分，如何以有限的"设计作为"实现更为有效的控制一直是景观设计研究中一个非常核心的命题。所以，场地留白策略所体现的在全局视角下通过对"设计非直接作为部分"的经营来实现既定目标的途径，是更具智慧性的设计策略。

### 4.3.3 认识与方法的衔接

前文引述了丁朝虹关于原研哉著作《白》的分析，显然，产品颜色的白并不会必然地导向美学意义上的白，它只碰巧是设计师熟稔的元素，但形而上直通形而下途径的大受追捧，实则揭露了一个反向的事实，即无论是庄子哲学中的虚白、海德格尔哲学中的"居"，还是在本书中被界定为白之表征的人居于环境的整体状态，在进入工科的应用研究时，都面临着如何从形而上转入形而下的难题。

实际上许多偏重场地精神性价值发掘的研究都因难以与操作层面衔接而陷入略为尴尬的境地，他们批评理性思路下制式方法的滥用，但自身又难以提出普适的方法体系与之对抗，这也是关于场地价值的理与魅之辩中主张魅的一方明显处于劣势的一大原因。这种情形出现的原因是显见的，因为精神性价值几乎无法被量化、条理化，伦理基础也相对薄弱，所以在评判与推行上自然会遇阻。本书论题中的"留白"，借用了当代关于传统艺术中虚白经营的一种误读的说法，提出了景观设计语境下以留存、转化场地实体为表现的，以维护人类持续的设计、改造场地而居于环境的进程为目标的一种场地策略。它既有着一定的哲学认识基础又清晰地指向了具体的操作行为，是试图贯通原理与方法的一次尝试。尽管与其他研究一样面临着许多困难，但笔者希望这能够是一次有启发性的尝试。

## 4.4 场地留白的文化价值

### 4.4.1 东方传统空间观的继承

尽管场地留白的设计策略因场地介质的特殊性而与中国传统哲学、艺术中的虚境之白有着显见的区别，但二者在空间观以及从"无"入手进行空间组织等深层层面上是相通的，"留白"也不可避免地指向了这种传统。所以，前者可以被视为后者在当代语境下的某种继承。

一件作品的虚白之处往往凝聚了气韵、旨趣等“神”这一层面的精神气质，从而成为全篇最为精彩之处。唐志契说：“写画亦不必写到，若笔笔写到便俗……神到写不到乃佳”。石涛更是直言：“虚而灵，空而妙”。类似的观点在传统艺论中比比皆是。对白、虚、空等的经营往往赋予了创作者脱离对客观物象的描述而直抒胸臆，探寻生活、宇宙真意的机会，是东方传统空间观的集中体现。

一方面源自对自身文化认同的渴求，一方面受西方地域主义系列思潮的影响，向传统文化寻求当代发展之道在当代景观设计理论与实践中已颇为常见。然而很多情况中，传统担负着一种与装饰相似的角色，被符号化为形式上的原型或是文字的点缀。然而正如巫鸿所说，传统不是某种一成不变的形式或内容，而是指一个文化体中多种艺术形式和内容之间变化着的历史联系。在当代景观设计研究中关注于留白显然有着对传统继承的目的，更为重要的是，留白内含了一个从哲学到方法的贯通的体系，本书在对这一体系的认识的基础上厘清了当代设计研究中普遍存在的关于留白的捷径式认识，从而揭示了这种对应关系的内涵，通常被认为过于虚幻或被神秘化了的艺术原理与具体的操作方法之间有了对接的可能，使设计实践中关于传统的继承发生在更深的层次上。

### 4.4.2　与朴素、节制等理念契合

当代风景园林学面对着极为广博、复杂且开放的对象，“已成为各类艺术中最为综合的一种”，景观规划设计作用的对象通常是广阔而扁平的自然地表，构成元素又多又杂且持续变动，这使得对完全的、定式的设计在经济上、技术上进行控制几乎都是不可能的。以尽可能减省的经济投入实现预定的设计目标是绝大部分当代景观设计项目共享的原则，体现了可持续发展与节约等时代理念。这种理念也在一定程度上契合了中国传统文化对自然、朴素的崇尚。

场地留白在操作层面上表现为对场地原有自然、人文环境的留存，并试图在新的设计方案中对其再次利用，正契合于以上原则，虽然这样的减省并不必然地等于经济投入的减省，但两者确实呈现明显的正相关性，如此也增强了场地留白策略的普遍适用性。

## 4.5 小结

本章试图回答的问题是，为什么要在当代景观设计的语境中提出场地留白的设计策略。它的价值主要在于以下几个层面：

首先是认识上的，场地留白的精神性内涵与作用方式分别对应了人与自然内在型关联关系与外在型关联关系，二者的统一是当代景观概念的重要特质，对“表象之白”精神性内涵的认识也强化了环境伦理中常被忽视的内在维度。场地留白还是一种展现人类智慧的设计术，有意的不作为是与直接的新建相反的间接控制方式，须在全局的视野下进行，与“无”的出现标志着人类抽象思维出现重要进展的意义相似，从直接对应目标做出行动到以利用非直接做功的方式实现既定目标，也是设计智慧的表现。另外，场地留白的设计策略还因与传统哲学、艺术的关联性，以及与朴素、节制等理念的契合而具有一定的文化价值。

7 6 5

# 第5章 场地留白的征象

V

在设计结果中被存留的场地对应于表象之白，既是人居于环境的活动在过去发生时的载体，又是其在现在发生时不可缺少的载体组成部分，而这种具有时间连续性的整体状态，是“居”之表征。那么场地留白设计策略的主要目标，就在于使被留存的场地的双重载体性质得以显现。具体来说，就是一方面发掘、保留、凸显人与场地过去关联方式的物化载体，另一方面，将其与即将因设计而形成的人与场地现在的关联方式融合，使它同时能够成为人对场地新的使用方式的载体。

在当代景观实践中，通常现时关联是较为明确的，公园、广场、庭院等各种类型的项目在设计开始前就已确定了使用群体及功能需求（至少是大致的），所以设计的主要问题在于过去的时间层面以及二者的叠合。人有意识地设计、改造场地的行为必然会在场地上留下各种类型的痕迹，这些物化的痕迹中含有场地作为“居”之载体的有效信息。场地中物化的信息载体，又可以按照它们在人对场地过去的使用过程中不同的参与方式而被分为不同的类型。

本书第5章、第6章是关于场地留白设计策略的应用研究部分。本章将结合当代景观实践中的4个典型案例，分析不同类型场地载体的表现特征以及它们被转化为新的使用方式载体的途径。第6章将阐释这些案例中相通的施行步骤。

## 5.1 概述

### 5.1.1 作为直接载体的场地类型

一般情况下，场地具有载体信息的价值是因为它直接参与了发生在过去的设计、改造活动，既是其对象也是其结果，这一类场地可以被视作直接的载体，是数量最多也最为典型的一种类型。通常而言，场地中的载体信息是以两种主要途径呈现的，一是整体的空间形态，二是承载可读信息的个体元素，两者共同形成了场地的载体特质。尽管空间形态与可读信息同属一个不可分割的整体的场地，但很多情况下，场地载体信息的显现会有所偏重，为便于研究暂且分为两类。

第一类是整体空间型。开采、填埋等工业生产活动以及大型交通运输设施的兴建等活动会使场地的整体地貌发生剧烈改变，由此产生的空间形态往往极具识别性，成为这些活动的标志性载体，其中被干扰的自然环境居多。设计的主要策略便是保留、强化这种空间特质，同时试

（图5-1）

图建立新的使用方式中人直接体验空间的途径。

柏林滕珀尔霍夫机场始建于1923年，2008年因严重亏损而永久关闭，改建为滕珀尔霍夫公园（Tempelhof Field）。面积达386hm$^2$的跑道区与停机坪上未增加任何构筑物，仅在个别位置增设了道路与零星的树木，机场空旷平坦的空间特质被完整地保留下来。吉尔（Kamni Gill）在《论空》（*On Emptiness*）中形容道："在这座城市中，你再也找不到比它更大的一处开放空间了，也没有比它更空的"。显然没有比这更好的表征来向人们展示它作为机场的过往了。由于建设年代很早，滕珀尔霍夫机场已被城市环境包围，在被改做公园使用后，异常平坦空旷的特质使它在城市生活中有着特别的潜力，与一般公园中园林化的宜人空间不同，它更像是一片荒蛮的原野（图5-1、图5-2）。

（图5-2）

图5-1　滕珀尔霍夫公园2016年鸟瞰照片
（图片来源：网络）
图5-2　滕珀尔霍夫公园照片
（图片来源：网络）

第二类直接载体是元素型，其实整体空间型载体中必然也含有许多承载可读信息的元素，滕珀尔霍夫公园跑道上的油漆标识就是典型。本书中的元素型载体主要适用于一些在较小面积上集中了大密度信息的空间，也包括因某种原因丧失了其整体空间特质而只有个别元素被留存的场地类型。这其中以人工构筑物居多，如工业构筑物、建筑地基、墙体、管线、交通设施等等都是常见的元素。设计的主要策略是识别、整理、优化密集于个体元素上的信息，使观者能够清晰地识别它所对应的历史层片，同时还须试图使这些元素通过某种转化成为场地新的使用状态的组成部分，而不是简单地搁置（图5-3、图5-4）。

（图5-3）

（图5-4）

### 5.1.2　作为间接载体的场地

作为间接载体的场地是指一些没有直接作为设计、改造活动的对象，但却受到这些活动间接影响的场地类型，某种程度上像是一种“副产品”。所以相较于前两种直接载体类型，它还须强化自己与一定历史时期的设计、改造活动的关联关系，从而确保场地作为其载体的身份。

布里斯托尔市位于英格兰西南，自中世纪起就是一个重要的商业港口。20世纪前，来自世界各地的贸易商船通常会以土、石、砂砾等为压舱物，船只停驻在此时会将它们抛入河中，于是几百年间河床上积攒了每一艘船中来自上一个停驻地的土壤，而土壤中裹带着当地植物的种子。在布里斯托尔市政府的支持与植物学家的帮助下，设计师利用一艘废弃的谷物驳船建造了一座漂浮花园（Seeds of Change），来自世界各地的种子在此萌发，成为这座城市海运贸易历史鲜活的象征（图5-5）。

（图5-5）

### 5.1.3 作为转塑载体的场地

转塑载体的情况较为特殊，在很多当代实践中，因综合考量的需要或某些不可控原因，作为过去场地使用方式直接载体的实物无法被保留下来，为使它所表征的历史不被抹去，设计师以这些实物的碎片为原材料，结合新的场地使用方式将它们部分复建，很多建造结果还会有意仿造原构筑物的某些特征，可以被认为是一种转化性质的重塑。须强调的是，这种复建的设计方式应是谨慎的、节制的，而且要建立在转化的基础之上。

许多当代设计师都采用过回收利用旧材料的做法，如王澍设计的宁波博物馆中就使用当地收集而来的旧砖、瓦以传统工艺建造了瓦爿墙；张利设计的玉树嘉那嘛呢游客到访中心在屋顶平台与木栏板中使用了地震废墟中回收的木构件（图5-6）。对于这些做法是否可以被归入场地留白，很难作清晰的划定，但通常而言，它们所反映出的关于对场地时间维度延续的重视，以及对实物作为直接、真实载体的认识是与场地留白相通的。

图5-3　上海当代博物馆中烟囱改造的温度计照片
（图片来源：网络）
图5-4　龙美术馆西岸馆入口广场照片
图5-5　布里斯托尔市漂浮花园照片
（图片来源：网络）

（图5-6）

## 5.2 整体空间型直接载体：以上海辰山植物园矿坑花园设计为例

无论说偷懒还是人类智慧，最后目标指向是一样的，就是在有限的条件下，将本身的无限性激发出来。

——朱育帆

工业采掘活动对自然地貌的颠覆在范围上、程度上都是非常剧烈的，最直接的后果就是在自然地表上产生了以矿坑为代表的“伤疤”。矿坑本身其实是一种特质极为鲜明的空间类型，本节将以上海辰山植物园矿坑花园的设计为例，阐述作为采矿活动直接对象与载体的矿坑的空间特质是如何被发掘、利用于当代的公园设计中的。

研究材料主要来自辰山项目组工作过程中的模型、图纸、文字、汇报文件等材料，以及笔者对主要设计人员的多次访谈、两次实地考察、实习期间的观察、学习以及相关公开发表的论文等。与设计方案相关的图文资料均由一语一成景观规划设计有限公司提供，除期刊论文外下文中不再逐一标注材料出处。其中作者2016年3月16日在清华景观学系对主持设计师朱育帆进行的访谈（文字整理稿参见附录B）、2010年11月17日朱育帆在清华-柏林工大联合博士生论坛上的发言“*Sensitive Designerly Ways of Knowing in Landscape Design—My Kinds of Case Study*”以及《上海辰山植物园矿坑花园——工程纪实》汇报文件、2013年华夏建设科学技术奖励推荐书等材料将作为核心研究材料。

图5-6　玉树新寨嘉那嘛呢游客到访中心墙体照片
（图片来源：张利）

### 5.2.1 设计背景与概况

1．场地历史与规划背景

辰山位于上海市松江区，在松江城北偏西约9.5km处，海拔约70m，属佘山山系。辰山本名秀林山，唐天宝前称神山，天宝六年（747年）易名细林山，明清后因“在诸山之东南，次于辰位”而称辰山。1909年，蒋尔昌在松江的小赤壁山上创立石矿，直至20世纪80年代此地采矿活动不绝，形成东、西两大矿坑，截至1997年底，采石总量48.93万$m^3$，约127万t。2009年矿山治理工程正式启动，辰山矿坑将被纳入新规划的上海辰山植物园，成为一处对外开放的公园景观。

上海辰山植物园的总体规划设计由德国瓦伦丁事务所完成，整个植物园占地约200$hm^2$，根据对“园”字的解析确立了三大板块：环绕整个植物园并引种了五大洲植物的绿环、辰山的山体与矿坑以及位于中心显现出水乡特质的植物专类园区。矿坑花园的基址位于整个植物园的西北角，占地约4.26$hm^2$，以辰山南坡的西矿坑为主体。

2．矿坑竖向与空间分析

辰山山体南北向跨度约350m，东西向680m，相对高程近72m，整体坡度平缓。西矿坑主要由以下几个部分组成：首先是山体以及采石所形成的崖壁，辰山的制高点位于矿坑的东北方向，所以在矿坑花园中山体呈现自东向西逐渐下行的坡向，岩壁的高度也逐渐缩减至与地面相齐；坑壁所包裹的是平台和深潭，面积约1$hm^2$的深潭是整个矿坑中最为特别的元素，它是西矿坑山体石材开采完后又继续向地下纵深方向挖掘而形成的，坑底与平台高程相差约52m，坑底积水，水深约21m、水面与平台高程相差24.8m，潭水略呈碧绿色，较清澈；平台位于深潭的西侧，是采石留下的断面，地势平坦开阔，边缘植被生长良好。

总体看来，矿坑中各区域间分区明显、特征突出。平台区本身平坦开阔，又处于岩壁高度最小处，再加上平台与山体之间若干层台地的过渡，空间感受舒缓、开敞；而深潭区周围的岩壁则非常陡峭，巨大的高差和封闭性使这一区域充满了危险与紧张之感。此外，这两个区域之间视觉上的联系也非常弱，人在平台区活动时甚至很难觉察到深潭的存在，而身处深潭中的人的感官更是被局限在深潭之内。本书将以深潭区的设计为主要研究内容。

场地初始航拍情况与坑体坡度、高程分析见图5-7、图5-8。

（图5-7）

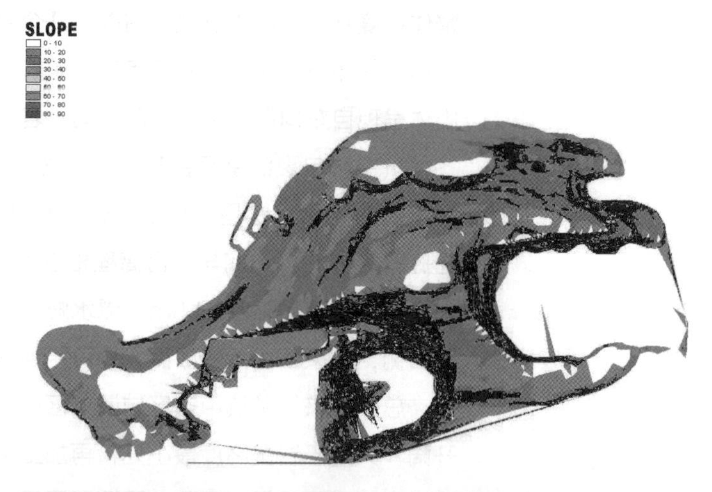


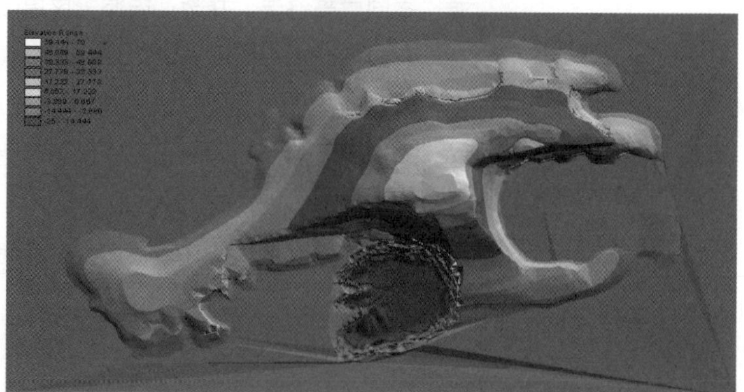

（图5-8）

### 3．坑体界面形态分析

坑体的纵向界面围合出了矿坑的基本形态，坑壁也是人身处矿坑内时最明显、最主要的观看对象（图5-9、图5-10）。

坑体较高的西北界面是平台区内唯一可见的坑壁，然而无论是从平台区还是在深潭区看，它的观赏性都不高，岩壁呈深灰色、较为平整、无明显的层次或纹理，引用设计者的话：“场地凶相很大，主立面南面采石遗留物的美学价值几乎看不到，是纯粹一块伤疤……作为主立面它不具有旷奥的特质，就是一个大的剥落面，所以也就没有方法去调整、控制”，因此它被排除出了构景可能因借的范围，这尤其给平台区的设计造成了一定困难。而在深潭区，向北的南界面呈现出了较高的审美价值，设计者马上识别出了岩壁纹理含有的典型斧劈皴的纹路，剥落后的石灰岩形成的了黄石般的外表，大侧斧劈皴显得非常有力量，而且边界还出现了一些褶皱。此外，南界面，尤其是临水的部分还有一定的植被，虽然只是构树、榆树一类观赏性较为一般的树种，但在这样一个坑体内能有长势良好的天然植被仍是非常难得的，由此也使潭水透出了自然的气息。

（图5-9）

（图5-10）

图5-7　初始场地航片与规划设计边界
（图片来源：孟凡玉提供）
图5-8　坑体坡度与高程分析图
（图片来源：孟凡玉提供）
图5-9　坑体东南界面照片
（图片来源：朱育帆提供）
图5-10　坑体西北界面照片
（图片来源：朱育帆提供）

### 5.2.2 坑体空间特质发掘

**在这个场地里，我觉得它其实不叫留白，是“不得不留白”，你不能不用留白的方式来处理它，因为你不可能往满处做，你做不了——当然这事情是会反过来对你产生影响的。**

**——朱育帆，2016年**

2007年设计者第一次进入现场探勘：“当时我在场地里至少完整地待了两天，就是画、转，对于场地体验型设计师来说，这是你获得感知的一种途径，就是在那里面不停地转……我画了好多草图，当时在那里面就我一个人，就是觉得你自己真的很渺小、真的很渺小”。

设计者反复提及他在坑体巨大尺度前所感到的深深的无助，“一种没有力量的感觉”，与人的力量感消失相对应的，是自然力量的壮大。访谈中朱育帆教授以加拿大布查特花园为例解释他所感受到的矿坑区别于“秀美（beautiful）”的“崇高（sublime）”之感：“布查特花园其实是做废弃地改造的一个非常优秀案例，它尝试在那样的一个空间里安插了一种传统中能够接受的形式，比如做一个有地形的花园，然后尝试用花园把自然的伤疤位移开来，当你走出花园之后才会惊然发现它作为工业废弃地的真实身份，在这种反差中获得崇敬、敬佩”。然而这种思路其实消解了如此尺度的场地震撼人心的力量，朱育帆教授认为这是极为可惜的，所以尽管甲方明示了对布查特花园的喜爱，他仍然坚持了一条截然不同的道路：“我觉得，后工业遗产里面的那种力量——当然我们现在可以叫崇高美——是它最本质的事情，必须把这个力量给它散发出来，而不是试图把这个力量消解掉。”他甚至排斥“花园”的称呼，认为矿坑改造的景观不应被视作传统意义上的一座花园，他也不希望自己的设计被定性为一座花园，因此后文将矿坑花园深潭区的部分统称为“辰山矿坑”。

这种关于矿坑本质的认识实际上已经指向了设计的总体构思，深潭区的初步设计方案正是在这次探勘中成型的。按设计者的回忆：“这个坑体实在没有丝毫的可达性，充满了危险，它的边界被框了起来并禁止跨越，因为跳下去的话基本上就没有活路了……当时没有人带着我是不可能下得去的，但至少扔过石头，石头也得隔个几秒钟才下得去，是种很飘忽的感觉。当时我的直觉就是，没有什么可迟疑的，就是要下去”。

这里所说的“要下去”，其实是多方面综合考虑的结果。首先，它是要创造观者与矿坑之间最直接、最能展现矿坑本体空间力量的一种接触方式：一方面人的空间感受与距离直接相关，在旷地上远望，山其实并不显高，但当人贴近时山体庞大的体量便会凸现出来；另一方面，向下20m的空间可以产生眩晕感，当地面下降到了这样一个高度，人往下看的时候是有非常重的下坠感的，在这样的下坠感之中人对景观的认知跨越了“garden”的尺度，进入了所谓崇敬力量的尺度，而且对比与往上看，下坠的方向会更突出崇敬尺度，它可以被认为是所谓的崇高美——“它隐含在里面，还没有被激活”。客观的现实条件是在如此巨大的尺度下，人力能够作为、改变的场地范围是非常有限的，将整个山体直接复绿的方案在花费上和审美上都是难以被接受的，再加上辰山矿坑本是整个植物园一张最具识别性的名片，平台上的观赏效果又相对较差，所以设计者也将“要下去”称为一种无奈、被迫的选择。另一个原因，是设计者在场地中时受坑底一丛榆树的暗示，决定使用《桃花源记》的空间模板，且在东方传统中人与景的接触方式通常是更为亲密、直接的，也指向了下至坑底的设计选择。

“要下去”的构思在操作层面上所对应的便是下坑路径的搭建。设计者现场绘制的草图中已显现出了方案的雏形，栈道的选线、形态以及栈道与坑壁忽远忽近的关系等在图中均有标示（图5-11）。最终的设计方案，是结合了安全性、造价、材料、建模与施工技术、后期维护等各方面的考量而综合生成的：深潭区的入口位于与平台区相接之处，是一个巨大的长方体钢筒，钢筒向坑内倾斜呈倾倒之势，将观者的视线引向坑底；从钢筒右转而出便进入紧贴坑壁而下的锈钢板栈道，栈道的尽端是场地原有的运石坡道，在栈道即将临近水面的位置，坡道经爆破及修饰形成“一线天”，穿过石矶便进入了浮桥区，横亘于水面的浮桥顺坑体的南界面继续东行，最终绕过一簇天然生成的树丛消失在了与东矿坑相连的山洞入口处（图5-12、图5-13）。

（图5-11）

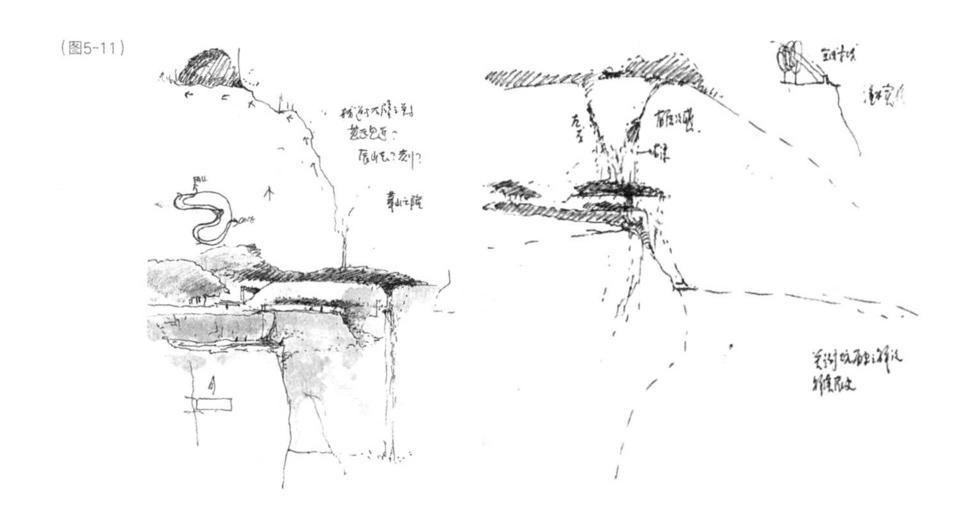

（图5-12）

图5-11　探勘时现场绘制的设计草图
（图片来源：朱育帆绘）
图5-12　矿坑花园鸟瞰照片
（图片来源：孟凡玉提供）

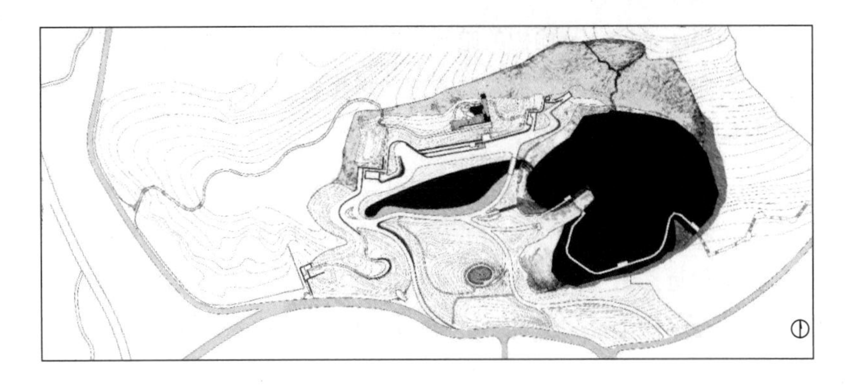

（图5-13）

这里场地原置的坑体与新置的栈道在功能、形式等方面均呈现出不可分割的共生关系。首先，栈道的意义并不在于它本身，而是因矿坑实现的，它的存在是为了创建观者与坑体的接触面，设计的意义在于矿坑本质力量的展现；另一方面，人在栈道上行进时对坑体的体验主导了路径形态的生成，路径的高、低、急、缓都是与不同的空间体验相对应的，坑体是引导、支撑栈道形态的隐形力量，所以两者在形式上也是紧密相关的，正是这种关系中的张力使设计能够通过栈道的置入来实现对于整个矿坑的控制。

### 5.2.3 桃源模板引导下的入坑选线

设计者将坑体直接的在场体验指向了方案中人与矿坑之间直接而亲密的接触方式，而下坑路线的决策及路径选线则与《桃花源记》空间模板的使用密切相关。

#### 5.2.3.1 美秀美术馆景观设计中桃源模板的使用

《桃花源记》是对中国传统文化影响至深的一篇文章，历朝历代均诞生了无数以桃源为主题的艺术作品，诗作中有李白、王维、王安石、刘禹锡等的作品，画作中有文徵明、陆治、仇英、张大千等的作品。在当代建筑与景观设计中，桃源依然是一个非常常见的主题，贝聿铭在美秀美术馆的整体景观设计中便忠实地再现了故事中的空间序列。

美秀美术馆最初的选址是在两条溪流交汇的一处山谷之中，但因过于靠近一座停车场而被贝聿铭婉拒。几个月后业主小山美秀子再次邀请他一同去探勘她新选定的场地，据贝聿铭回忆，初次来到这片群山环绕的场地之时他脑海中便回想起了《桃花源记》，认为这里是再现香格里拉的一处极佳场地，这一设计构思也得到了小山美秀子的支持，按贝聿铭自己的回忆：“这里虽在尺度上与中国的山有差别，但在我看来它确是典型的中式山水，有山有谷，云雾其间……我和她都因为这个可能性而感到非常兴奋，由此这一切就开始了”。

事实上从选址确立之时起，美术馆到达方式的设计便是一个颇为棘手的问题，当地顾问提出的建议是开辟“之”字形的盘山路，但是贝聿铭却希望找到一种既能最大限度地保护风景又富有戏剧性、神秘感的进入方式，最终以桃源为模板，确立了将美术馆的主体建筑与接待中心分离开，由一条穿越山体的隧道和一座横跨山谷的索桥相连并将美术馆主体建筑80%下埋的方案（图5-14）。这样的方案能够得到业主的支持并最终实施确是不易，在美秀美术馆的案例中原因也是多方面的：小山美秀子女士自幼接受了较为传统的教育，熟识汉字、典籍，所以贝聿铭一提出桃源的设想就能引起她强烈的文化共鸣，在到达目的地之前先经历一段步行的跋涉也是日本传统园林中常见的空间序列；另一个基础是小山美秀子所领导的神慈秀明会有一条重要的教义，认为艺术与自然中美的沉思可以带来精神的顿悟；还有一个必不可少的条件是充足的资金，官方公布的造价为2.5亿美元，但建筑团队估计实际造价可能已接近3.5亿美元，整个设计和建造的过程从未因为资金而做出任何妥协。

驱车而来的游人首先来到的是平面呈三角形的接待中心，这里兼作售票中心、餐厅和休息处，美术馆的大部分配套功能都集中于此；与接待处相连的是一条樱花小径，沿花径前行，不久便会发现一处洞口，洞口内是长达300多米的弧形穿山隧道，行近尽端，美术馆建筑在树丛间远远地显露出来，玻璃屋顶完全融于山峦的曲线之中，建筑与隧道通过一座120m长的索桥相连，索桥完全依靠斜拉钢索由两端山体支撑，形态极为轻盈，因为没有近处植物与山体的遮挡，在索桥上行走时游人的视野是全程最为宽广的，最后，在索桥的尽端拾级而上才能最终进入美术馆的正厅（图5-15、图5-16）。

（图5-14）

图5-13　反相处理后的设计平面图
（图片来源：底图由张隽岑绘制，作者改绘）
图5-14　贝聿铭绘制的隧道设计草图
（图片来源：Jodidio，2008：265）

（图5-15）

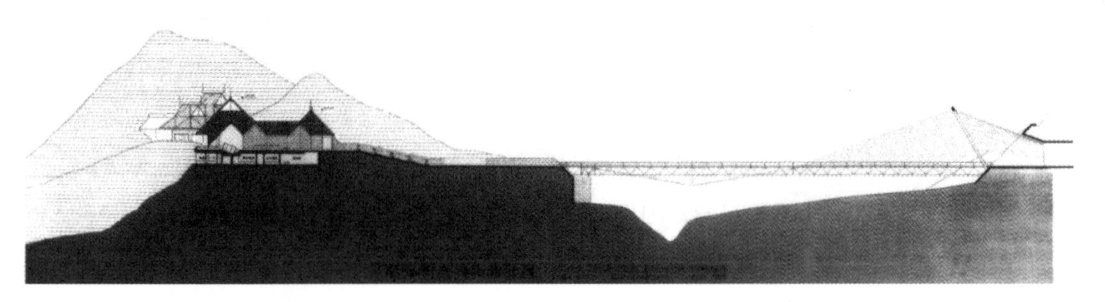

（图5-16）

美秀美术馆的景观设计是对《桃花源记》一次忠实的再现，文字中描述的每一处景物几乎都可以在实际空间中找到对应，山里的溪水、忽逢桃花林（此处是非常相像的樱花）、尽端有山、小口、隧道、开口的豁然开朗……所有熟悉《桃花源记》的游人都能够即刻发现二者的关联。在桃源的空间模板中，最经典的部分就是进出山洞的这一段，山洞也是两个世界的转换切口。这一空间序列的每一段都有着鲜明的特征：首先，洞口是隐匿的，渔人先是缘溪行，再顺夹岸的桃花，最后才在水源处找到一个小口。为使人能够找到，作者也设置了一系列的引导，比如忽然出现在沿岸两侧的桃花林和山洞中透出来的光都暗示了线性前行的路线；另一个特征是山洞，山洞内既是“极狭”的，显然也是昏暗的，这是山洞作为两个时空转换处的必然特征，它剥夺了渔人关于外界所有的感知可能，让他无从判断自己所处的时间、空间，从而完成

（图5-17）

了从一个时空向另一个时空的转换；最后从山洞进入桃源时是“豁然开朗”，最为狭迫的空间直接接入一个异常广阔的世界，两者产生了最富戏剧性的空间效果（图5-17）。

从实施方案看来，美秀美术馆的景观设计近乎完美地将《桃花源记》的文字翻译成了实体空间，这种完整的一一对位关系也构成了设计方案自足的表达，也就是说，每一个构景元素所预期达到的效果以及引发游人怎样的体验都是设计者准确设定好了的，游人要做的，是发现并接受设计者的安排，设计的意义在本体内已实现。

### 5.2.3.2 辰山矿坑设计中桃源模板的使用

据设计者回忆，当他面对坑体巨大的尺度倍感无助时，坑底的一丛榆树给了他重要的暗示：“我当时在场地里已经想清楚了，看到那丛树我就觉得后面应该有个洞，这个就是桃花源的模板。西方人来做也许会是一样的结果，但他不是按这个模式想出来的；我是中国人，这个是中国模式，所以这套开发的逻辑是非常中国的。我想要有一个洞，所以一定得让人下去，这里作为终点、消失点是确定的”（图5-18）。

终点确定之后，就是起点与路线选择的问题了。从场地条件来看，榆树和洞口都是位于矿坑东南角的，所以如果将起点设在东侧或南侧，一方面会导致下坑的游线非常短，入坑的体验大打折扣且技术难度也很大，另一方面这两侧都在核心区的范围之外，可达性也较低，而高耸的北侧更是无从下脚，所以入口只能选在坑体的西侧。西侧的优势是显见

图5-15 美秀美术馆参观序列照片
图5-16 索桥与建筑连接关系剖面图
（图片来源：Jodidio．2008：270）
图5-17 《桃花源记》中的空间序列分析图
［图片来源：底图：（明）仇英，《桃源图》，波士顿美术馆藏，作者改绘］

（图5-18）

的：首先在游线上，西侧是深潭区与平台区相接之处，将入口设立在此将便于整个矿坑花园游线的组织；而在技术上，下坑的方式必然是沿崖壁侧下，西侧运石坡道的突起大大延长了岸线，增加了路线选择的自由度，另外运石坡道原本就是坑底与坑外连接的唯一通道，也是坑内坡度最为平缓的部分，在其附近的路径于施工而言是最为便利的。至此最后一个问题就是从坡道南侧下还是从坡道北侧下了，从南侧下的路径是更短更直接的，下坑后直面榆树与山洞，游览的趣味性不大；而北侧下的路径被坡道分隔为两个相对独立的区域，为游线带来了节奏与变化。所以，在综合各方面的因素后，下坑栈道的起点最终选在了运石坡道的北侧，顺其北壁而下，翻越坡道，沿水面蜿蜒至洞口，设计者认为这是“最理智的路线”。

辰山矿坑中桃源模板的使用因设计者自身文化背景与生活经验的个性而呈现相当的偶然性，但这其中也有一定的必然性，因为深潭区与外部的异质、隔离，与桃源中两个世界的分割结构是非常相似的。

在访谈中朱育帆谈起了自己脑海中的桃源模板，认为“豁然开朗”四个字是他记忆最深的：“可能通篇文章都忘了，但是你会记住‘豁然开朗’。这个‘豁然开朗’其实是节奏，突然之间就不一样了，但过程是渐渐的催眠式的：一开始走的时候有溪水，后来渐渐进入桃林，突然之间就越来越黑、越来越黑——这个过程其实不是突变，是渐变，直到压抑到最后一刻，它是个节奏。然后就是另外一个世界了，实际上也是世俗的世界，可以想象里面的人与你是同一种人，但却有完全不一样的生活状态。这就是一个脑子里的模式，我觉得所有中国人脑子里面都会有这么一个模式，只要你受到过魏晋美学的熏陶，你就会有这种感觉。”

在最终的实施方案中，“豁然开朗”其实出现了三次（图5-19）：第一次是在入口处，四面封闭的倾斜钢筒扮演着山洞的角色，实现了从平台区到深潭区的转换；第二次是从采石坡道北侧向南侧的穿越，坡道北侧的空间以瀑布为中心景物，游人在锈钢板的栈道上沿坑壁下行，对矿坑的观看仍是以平视和俯视为主，而在临近水面的位置线路突然向南转向，穿过采石坡道内狭窄的通道后南侧空间突然出现，它是一个完全的坑底空间，视线是平视和仰视的，游人沿着贴于水面的木制浮桥前行，浮桥在树丛前出现了剧烈的转弯并消失在了树丛之后；第三次是辰山的西矿坑向东矿坑的转换，从浮桥进入山洞后游人须穿过一条100多米长的隧道，最终从东矿坑钻出地面，再次回到常规意义的公园环境之中。

“豁然开朗”必然是产生于极尽黑暗到极尽光明的强烈对比，在《桃花源记》中，极尽光明的是那个“黄发垂髫，怡然自乐”的村庄，在美秀美术馆中是群峦环绕的美术馆主体建筑，而在辰山矿坑的案例中，“桃源”的指向却是模糊的，游人每一次从山洞钻出——钢筒、一线天、隧道——都没有发现期待中的应许之地，所以辰山矿坑中三次出

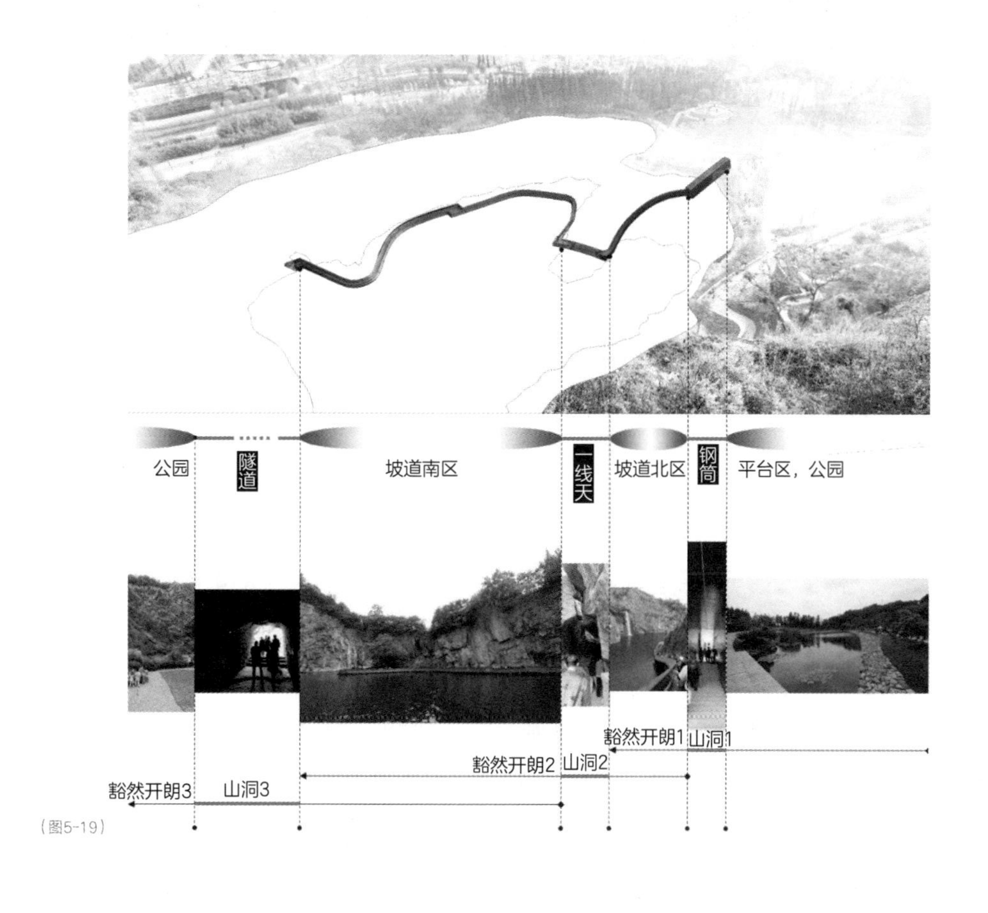

（图5-19）

图5-18　洞口的设计构思草图
（图片来源：朱育帆绘）
图5-19　三重“豁然开朗”的空间序列分析图

现的桃源模板都不是完整的。

对于“桃源”概念本身的颠覆并不鲜见，在画于1668年的《云白山青》中，画家（清）吴历在手卷的前半段忠实再现了《桃花源记》中的景物内容，但在出山洞后本应出现乌托邦村庄的位置画了昏鸦漫天的萧瑟之景，立了一块象征明朝的墓碑。辰山矿坑的设计其实展现了相似的思路，设计者用了三组叠置的空间序列不断地通过多种明示、暗示将游人的注意力引向前方，但在本应出现水草丰茂的世外桃源的地方，却是一个千疮百孔甚至触目惊心的废弃矿坑。正是想象中被唤起的桃源模板叠合于现实景象时的错位，迫使人们以一种新的眼光认识这个在传统意义上被视为消极、丑陋甚至反自然的地方。对于矿坑认知的反转还来自观者在坑底切身的直接体验，在这个看似充满了危险的地方，自然之力创造出了一个生机盎然的小世界，葱郁的树丛、充满活力的瀑布都昭示了在这处本是人工力量战胜自然的明证之地，自然的力量再一次崛起了，历史层叠的厚重之感也由之而生（图5-20）。

（图5-20）

## 5.2.4 作为废墟的废墟

**这是一个非常诚实的项目。它并不试图去遮掩自己，为存续矿坑的本体特质做了所有正确的事情。随着自然在其上逐渐留下斑驳的痕迹，它会比现在更美。**

**——美国风景园林师协会颁奖语**

矿坑是一种人类在自然中进行大规模工业活动而遗留下的废墟，对于这种废墟价值的判断直接影响了设计决策的形成，这也是各投标方案在形式上存在巨大差别的主要原因。

美国风景园林师协会的评语强调了“诚实”，诚实的态度内含了关于场地原置价值的判断。设计肯定了矿坑本体尤其是其空间特质的价值，并不试图对它进行刻意的修饰或弱化它的废墟性质，承认其作为废墟的存在，当然这也是技术、经济条件制约的结果。方案中并没

图5-20 坑底所看到的榆树与瀑布的照片
（图片来源：孟凡玉提供）

有将矿坑作为遥远的布景，而是通过其他部分的设计转移观者的注意力或将它转变为新置结构的原材料，相反，几乎所有的设计介入体都在引导观者发现矿坑本体所蕴含着的审美、生态、文化、伦理等层面的价值，设计并没有作出决绝的判断，只是将它们诚实地呈现于观者面前。

此外，废墟本身即是一个内嵌了时间维度的概念，它含着一个与现时状况不同的过往。在一次与北京大学李溪老师的交谈中，她提到对于废墟，多数研究者/设计者往往会倾向复原策略，也就是试图借着废墟的遗存回到它成为废墟之前的某个“光辉的时刻”，从而受益于两者对比所产生的冲击力。但辰山矿坑的设计将观察的视角定在了当下，将废墟视为一个历史的结果，从而获得了厚重的历史层次感，这是它最打动人的地方。这也与设计者在园林史教学中反复讲授的一个案例不谋而合：帕特农神庙的震撼力即源自它作为废墟的存在，而不是光鲜艳丽、金碧辉煌的原生状态。

## 5.3　元素型直接载体：以罗维拉山景观修复设计为例

**我们并未直接从外部开始对场地进行设计、干预，而是想要通过识别场地本体上的痕迹，强调它所处的动态空间的演化特质。**

——汉萨纳（罗维拉山景观修复项目主持设计师）

在当代景观设计实践中，对个体元素的保留策略是较为常见的，尤其在后工业景观中。巴塞罗那罗维拉山景观修复项目的特别之处在于它将留存的内容推至了20世纪后期人类聚居尤其是因城市非常态发展而生的常被称为“城市毒瘤”的棚户区遗迹，并将它们融入了动态的城市空间演化进程。

研究的核心材料是项目的主持设计师、JDVDP 建筑事务所伊玛·汉萨纳（Imma Jansana）等发表的论文《巴塞罗那城市防空炮台基地修复》、巴塞罗那历史博物馆出版的导览册页以及笔者2015年9月25日在项目现场的考察记录。

### 5.3.1　场地的历史层次分析

罗维拉山位于巴塞罗那市区的东北部，因临近市中心的位置优势以及作为城内海拔最高点的高程优势而以较高的参与度见证了近现代城市的发展进程。这一进程也在山上留下了不同历史时期的物质遗迹（图5-21~图5-24）。

（1）在农业社会，罗维拉山区曾是典型的伊比利亚村庄，有农场、房舍、城堡等，场地内至今留有两处19世纪末兴建的皮纳斯克城堡围墙遗迹，一处在入口区、一处在山后的台地区。

（图5-21）

（图5-22）

（图5-23）

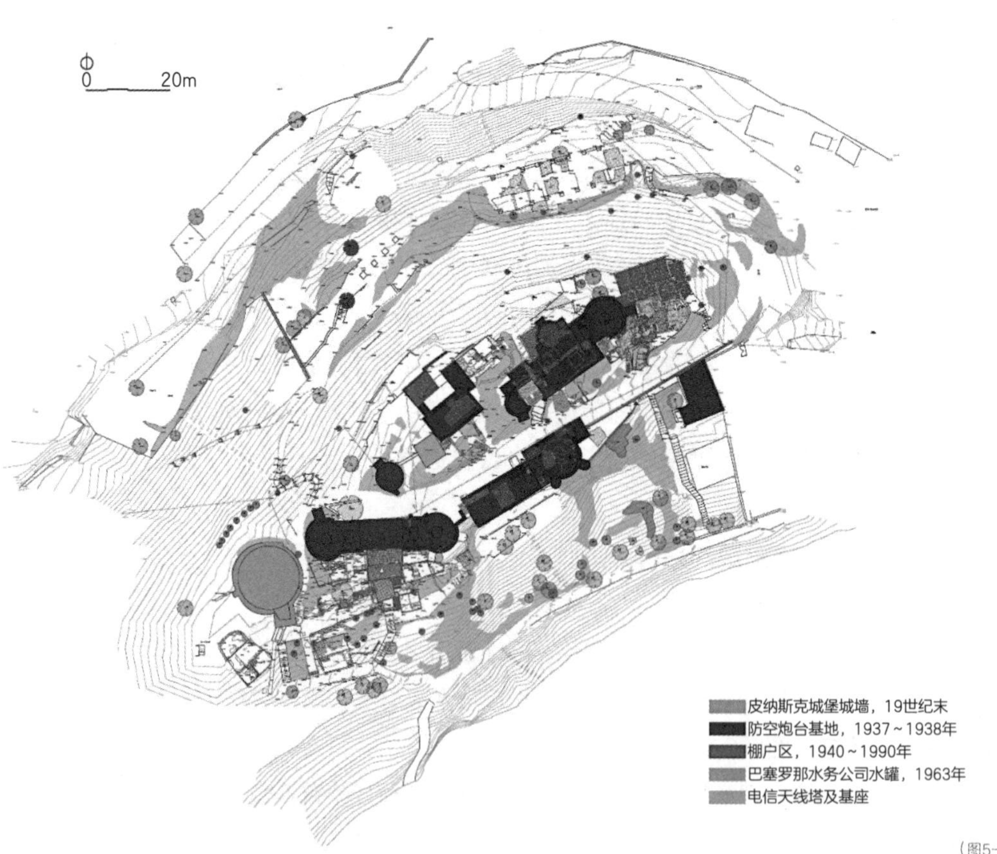


（图5-24）

（2）西班牙内战时期罗维拉山顶因其海拔优势而被选为巴塞罗那首批防空炮台的基地之一，基地由7个圆形炮位台、1个矩形指挥台、2个矩形附属建筑及1座兵营组合而成，在1938年3月初正式投入使用。为了增强建筑物的抗爆破力，建筑材料以混凝土为主，同时以砖墙和其他砌块作为填充模板。

（3）1939年初军队撤退后这些军事设施便被遗弃了。外来移民最先利用山顶上硬质化了的场地建造棚屋，而后这里逐渐成为贫民聚集的违章居住地，建起了超过100座自建棚屋，可容纳约600名居民，变成了巴塞罗那市区内一个典型的非法棚户区。在此期间，巴塞罗那水务公司于1963年在山顶上修建了一个巨大的水罐，还有一座电信天线塔也占据了山顶重要的位置。

（4）1992年巴塞罗那奥运会前，为美化城市形象，也为了给移民们提供有尊严的住所，政府出面将这里大部分的棚屋建筑拆除，但拆除的工作并不彻底，留下了地基、地砖、台阶以及部分低矮的墙体。

### 5.3.2 场地遗存的清晰化梳理

**罗维拉山修复工程存留了不同时期人们利用场地的物质痕迹，我们可以发现每一个特殊历史时期中这处场地不同的功能特征，更重要的是，它可以展示出具有人性关怀的、宜居的空间特征，这或许正映射出了蕴含于这些历史时期的社会价值观。**

**——汉萨纳**

罗维拉山的景观恢复工程由JDVDP 建筑师事务所主持设计，设计者认为场地上透过不同时期的物质遗存而显现出来的层叠的历史层次是罗维拉山顶最核心的特质，由此确立了要在场地上同时陈列、分享不同历史时期物质遗存的基本设计目标。

在山顶上现有的若干种遗迹之中，19世纪末的城墙和内战时期的防空炮台所具有的历史价值较为明显，对它们采取存留的设计策略是没有争议的一种选择。但在方案中，最被重视的并不是遗存物个体的历史或审美价值，而是它们共同叠加而成的、作为一个整体展现的城市历史发展轨迹，这也是实施方案中对于20世纪晚期棚户区建筑遗迹颠覆性保留的依据。通常来说，这样非法、无序的聚居所产生的痕迹会被城市规划者不假思索地归入消极、丑陋的类别，也是所有美化、改造工程首要铲除的对象。从改造进行前的现场勘探照片也可以看出，这些棚屋遗迹非常杂乱，很难与通常所说的历史价值、美学价值相关联（图5-25）。然而设计者认为这些痕迹是欧洲20世纪历史中一个特殊时期直接的产物与表征，在这一时期，战争带来了大批的移民，他们在融入当地社会的过程中产生了一系列问题，而突然出现的对大量住房的需求

图5-21　罗维拉山1972年与2011年的鸟瞰照片对比
（图片来源：导览册页）
图5-22　罗维拉山1980年的鸟瞰照片
（图片来源：导览册页）
图5-23　景观改造前的炮台遗址照片
（图片来源：网络）
图5-24　各历史层遗迹的平面分布图
（图片来源：底图引自汉萨纳，2016：370，作者改绘）

（图5-25）

就是其中重要的一项。正是在这样的背景下，城市发生了非常规、非计划的蔓延，罗维拉山顶的棚户区正是这一段历史直接的产物。在这个意义上，棚户区的建筑遗址有着与城墙、防空炮台相似的价值，所以在设计中被视为场地核心特质的重要组成部分而得以保留。

场地勘探时的照片与改造后场地的差别还是非常明显的，设计团队对杂乱不堪的场地进行了全面的梳理。他们的计划是通过最小的干预来提取、过滤地表物质遗存，认为设计最主要的工作是确立干预的标准和具体的施行措施，所以在这个设计项目中，“留”并不是完全的不作为，而是耗用了大量工作量的记录、识别与整理。梳理的工作主要分为两个阶段：首先，设计团队用了3个月的时间以绘图、影像记录的方式对场地上所有建筑遗迹做了细致的调研、分析，分类整理为卡片目录，并针对不同的类别制定维护、修复、清除等不同的策略（图5-26）；而后进入设计与实施阶段，根据上一阶段的成果制定场地中每一处遗存物的维护方法，对已损坏的遗迹层进行分离与强化，对现有的遗迹进行修补及防氧化保护。

修复前后场地照片的对比清晰地揭示出这项工作的目的所在，即令每一处历史遗存物以更加自明的方式呈现在观者面前，在设计方案中被保护的对象并不是勘察照片中杂乱不堪的场地，而是不同层次遗迹叠加的城市发展持续的历史进程，设计团队对不同的遗迹分别制定有针对性维护方法，使这些杂糅在一起的遗迹能够以更清晰的方式展现出来。

主设计师汉萨纳使用了“视觉上的放大”来阐述他们最核心的设计策略，“放大”的动作中正含有“留存”与“转化”两种性质，一方面包括了对被放大对象的肯定，即确立了对场地中现有物质遗存保留的基

（图5-26）

本态度，另一方面这种保留不是消极的不作为，而是从现时视角出发对其进行了再组织，某些元素被强化、被放大，能够更清晰地显现出来，而另一些则可能被消隐。

### 5.3.3　向城市开放空间转化

巴塞罗那市政府希望罗维拉山的修复工程能够将场地转化成为城市记忆的承载体，恢复为一个属于全体市民的公共空间。军事设施的地下部分就被改建为了巴塞罗那历史博物馆的一个分馆，地上部分则成为一处类似于遗址公园的城市开放空间。

为了满足修复工程作为城市公共开放空间的基本需求，设计方案在场地中新置入了混凝土园路体系、保护性的栏杆、垃圾桶、照明设施以及一些必要的引导、说明标牌。公园可大致分为山前与山后两大区域：山前面向地中海，可以鸟瞰巴塞罗那市中心，集中了大部分的军事设施与棚屋遗址，改建后以平台为主，空间非常开阔；山后建筑遗迹较少，坡度较大，植物也相对茂密，改建后仍然以坡地植物景观

图5-25　场地勘探时的照片
（图片来源：JDVDP建筑事务所官网）
图5-26　城堡城墙、防空炮台、棚户区、电信天线塔的现状照片

为主，仅增加了步道等设施。呈暗红色的氧化铁刷漆护栏是场地内最为明显的置入物，它既是对游人安全的保障，又界定出了参观路径，提示着场地在此刻作为一个开放遗址公园的新状态。

虽然场地上满是遗迹且设计工作的主要内容也是修复，但这里显然不是一处通常意义上的遗址公园。山顶上大部分的活动空间、广场甚至台阶都直接使用了军事、棚户建筑基础，仅对其进行必要的清理与加固，棚户区内各式各样颇具西班牙特色的地面铺装更是直接被用作地面装饰。虽然这些遗存物因所含有的历史价值受到认可而被保留，甚至在改造的过程中被视为文物而精心地修复，但它们并没有被供在一个不可触碰的保护罩内，也没有被划入一条不可逾越的边界内，相反，这些各式各样的遗存物成了公园中与人最为亲近的设施，来到这里的人们可以自由地踩踏、依靠、坐、躺、扶——它们以自己原有的样貌进入并参与了这些人的生活。

### 5.3.4 此刻的视口

**它不仅是一个凝视城市历史的场所，也是日常欣赏此刻城市的平台，这种动态而富有层次的景观设置，塑造了置于时间维度下居于此地的人们对同一处空间的使用。**

**——汉萨纳**

除了拥有各历史时期的物质遗存物之外，罗维拉山顶突出的特质在于它几乎是最佳的360°鸟瞰巴塞罗那城市风貌的制高点，设计师认为“一个欣赏此刻城市的平台”正是罗维拉山顶被转化为一个属于全体市民的公共空间后，最能够体现其性质的使用方式。这一想法在实施方案中得到了很好的贯彻，面向地中海的山前区域结合军事建筑屋顶设置了两层较为平坦开阔的观景平台，同时尽量减少墙体、植物等对视线的遮挡（图5-27）。如此做法更深层次的意义在于，正像设计者所说的，叠置了不同历史层片中居于此地的人们对同一处空间的使用方式，也如本书3.3节中所阐述的，令人居于环境的整体状态具有了时间的维度。

（图5-27）

## 5.4　间接载体：以杭州江洋畈生态公园设计为例

与前两个案例不同的是，杭州江洋畈生态公园中作为主要载体的淤泥，其实是西湖营建过程的副产品，它并未直接参与西湖景观的营建，但却是这一营建过程必不可少的一环——疏浚的产物。设计方案在肯定了西湖淤泥堆积而形成的独特地貌所具有的生态、文化、美学等价值的基础上，不仅要使充满危险的泥库转化为现代公园，还要通过对生境实体的分级保护以及对其演化过程的时间控制，强化淤泥本身的载体特性。

研究材料包括笔者2016年12月30日对主持设计师王向荣的访谈（文字稿见附录B），王向荣、林菁《杭州江洋畈生态公园工程月历》，林箐、王向荣《杭州江洋畈生态公园》，林箐、王向荣《风景园林与文化》，沈洁《风景园林价值观之思辨》，后文不再一一标注。

### 5.4.1　设计背景与概况

公园基址位于杭州市西湖以南2km、钱塘江以北1km的一处山谷地间，占地19.8hm$^2$。1999年至2003年期间，西湖疏浚工程所产生的淤泥被源源不断地输送、堆积至此，形成了一个容积约100万m$^3$、深达26m的淤泥库。在2008年设计竞标开始之前，随着淤泥的不断风干，库区内水塘面积逐渐缩小，表层土壤略呈碱性且渗透性极差，淤泥带来的大量西湖一带的种子萌发形成了有别于周边植被的次生林、湿生林。

北京多义景观规划事务所在竞标中拔得头筹并完成了公园的景观设计工作。对泥库上特殊生境的保护与展示是方案的主要立意，9个由耐候钢板围合的“生境岛”将作为淤泥之上的自然演替样本，岛外的植物被适度疏伐以增加透光量，保证强势植株的生长，沼泽被部分恢复、连通从而创造更为丰富的生境类型；公园内部交通主要依靠泥库边缘的环路，大部分功能性的游憩设施被安排在尽量远离泥库的地方，不得不深入泥库的道路则以pvc制成的浮筒作为支撑。

作为一个建筑在淤泥之上的公园，江洋畈的场地是非常特殊的：它作为最新的一个发展片段延续了千百年的西湖疏浚历史，也是一次特殊生境上的自然演替过程；淤泥极易塌陷变形的特质对游览的安全性、设施的稳定性造成很大威胁，晴天板结、雨天积水的土壤又几乎无法支持植物健康生长——这使它在诸多方面都区别于通常意义上的“公园”。设计者王向荣、林菁认为江洋畈的设计中最核心的是关于文化、生态的认识和表达，是几乎所有设计决策的基础。

### 5.4.2　淤泥中的文化

**我们认为，对包括了地貌和植被的场地形态的尊重和保护，不仅仅是一个生态公园的本质特征，更是维护了场地独特的文化、延续了西湖特有的文化。**

**——林箐**

图5-27　山顶观景平台照片
（图片来源：作者自摄）

位于杭州又与西湖相关的设计不可能回避文化相关的考量，但设计介入前的场地上几乎找不到任何显见的文化符号，因此如何发掘并展现“文化”是设计的一大难点。

据设计师回忆，中标后的方案仍然被认为“不能体现出杭州市的文化传统”，不断有人提醒他们应将历史上地理位置与江洋畈相邻的吴越国和南宋都城元素融入设计构思，以使场地像其他与西湖有关的景观那样“有文化”。但他们坚持认为，比之具象的仿古样式或抽象的诗词歌赋，江洋畈所承载的以淤泥生境为表象的人类疏浚西湖的历史过程才是这片场地真正的文化内涵所在。一千多年来不断的人工疏浚和治理是现今西湖景观形成的关键原因，在历史上，疏浚所产生的淤泥被堆积成了三堤、三岛等著名景点，实体的西湖正是千百年来人们以不断的设计和改造场地的方式实现持续地居于环境的载体，也是其最为直观、重要的表征。由最近一次西湖疏浚所产生的淤泥堆积而成的江洋畈，虽然没有如三堤、三岛般直接参与到西湖本体的营建过程之中，但它也是这一过程的产物，有着与三堤、三岛相似的性质，是发展了千年的西湖疏浚史间接的实物载体。

两位设计师所理解的“文化”显然与提醒他们的人所理解的“文化”是不一样的，林箐在《风景园林与文化》一文中将前者称为广义的文化，而后者称为排除物质的创造活动及其结果的狭义的文化，认为当代风景园林实践中广泛存在着以狭义文化否定广义文化的现象。这里所说的广义的文化所指向的，是“人类卓立于自然的独特生存方式”，与本书所试图发掘的留白之白的精神性内涵是非常相似的，即人以设计、改造场地的方式持续居于环境的整体状态，实体的场地就是这种状态的载体，也是它直观的、唯一真实的表征。那么在这个意义上，文化是只能留存而不能伪造的，因为任何伪造的文化必然要以擦除一段真实的文化为前提，由此设计师对当代广泛存在的对“文化”进行设计和创造的现象提出了批评，呼吁一种所在区域独特的、真实的、地域的、当代的文化。

### 5.4.3 淤泥中的自然

**我们想的最核心的，是把这个自然自己演替的过程留下，不干预它——这个是最宝贵的，其实就是城市中的荒野，不是原生荒野而是次生荒野。**

——王向荣

在设计投标阶段，设计师和业主对于场地的实际状况所知甚少，因为深达20m的泥库内部非常危险，不仅有随处下陷的可能，还因残枝烂叶的堆积产生巨大的腐败气味，招致大量蚊虫。但也正因如此，它成为城市中的一片荒野，几乎完全不受人工行为的干预。设计师对它的定位是：“所谓‘生态公园’，就是一片因人工行为形成的、自然按照自己的过程来进行演替的区域”。

尽管缺乏一手材料，但场地上的群落演替过程还是可以被大致推测的：最早这里是一片山谷；修建泥库时砍掉了原有的树木，砌起了两道大坝，并修筑边沟排水保证库容；淤泥最早输进来时混合大量水分，静止后形成一个大湖泊；而后随着水位降低由西湖带来的种子开始萌发，最先是水生植物，随后是柳树，可能会形成一片柳树林；再后来山上的植被逐渐进入场地跟柳树竞争，结果应该是随着柳树的消失，整个泥库又成为山谷植被的一部分。设计进行时已停止输送淤泥4~5年，据时间判断，泥库内部应是水与植被交融的状态。

设计师认为场地上最具价值的是这个极为特别的群落演替过程，因为场地是城市中难得的荒野，不同于人们所习惯的舒适、干净、整洁的环境，这处荒野呈现出了消极、阴湿、危险甚至丑陋的外貌特征。设计方案选择尽可能地使它留存、优化，是因为肯定了它所展现的群落演替过程的生态价值，但须说明的是，这种生态价值其实也是一种文化的生态价值，它并不是大自然原生的产物，正如设计师强调的那样，这里是一片次生荒野，泥库的基底是一片被人工干扰（甚至可以说是人工创建）的自然环境，正因如此，它仍反映了人有目的地设计、改造自然的进程。

### 5.4.4 淤泥生境表象特征的强化

设计方案中有意对原有的泥库与新置入的设施作了区分，使淤泥生境的本体特征能够更为明确地显现出来。

从平面图（图5-28）中可以清晰地看出两大体系：位于中心的被保留的沼泽、林地，以及因为公园的兴建而被置入、集中于泥库边缘的设施建筑。出于对淤泥上群落的保护以及技术、造价等的综合考虑，承担交通、休憩等功能的必要的基础设施都被安排在了尽可能远离泥库的位置，而在不得不穿行的地方则设置了浮桥，因此江洋畈也被形容为一个“悬浮的公园”。设计者曾详实地叙述了公园的设计、施工过程，立意、布局、选材、技术、形式等多个方面都显现出尽可能分明地区别出被保护的淤泥生境与新置入的公园设施的倾向，使设计中清晰地呈现出了“不设计作为”“设计作为”两大体系，这种策略也促成了对于前者更有效而完整的保护。

特别要提及的是，公园中以耐候钢板围合出了9个生境岛，它们将被原样保留作为淤泥之上自然演替的样本，与因公园建设而改变的植被以及周边环境原生的植被隔离开来（当然，绝对的隔离是不可能的）。从“留”的程度来看，这种做法可以被算作最高级别的留存，设计者还有意地以钢板的颜色、形状来强调生境岛的存在，耐候钢板不仅是在技术上，也在视觉上对原生生境中被人力、自然力干扰的生境进行了态度鲜明的区分，作为一种边界清楚地向人们提示钢板内外差异的存在（图5-29）。

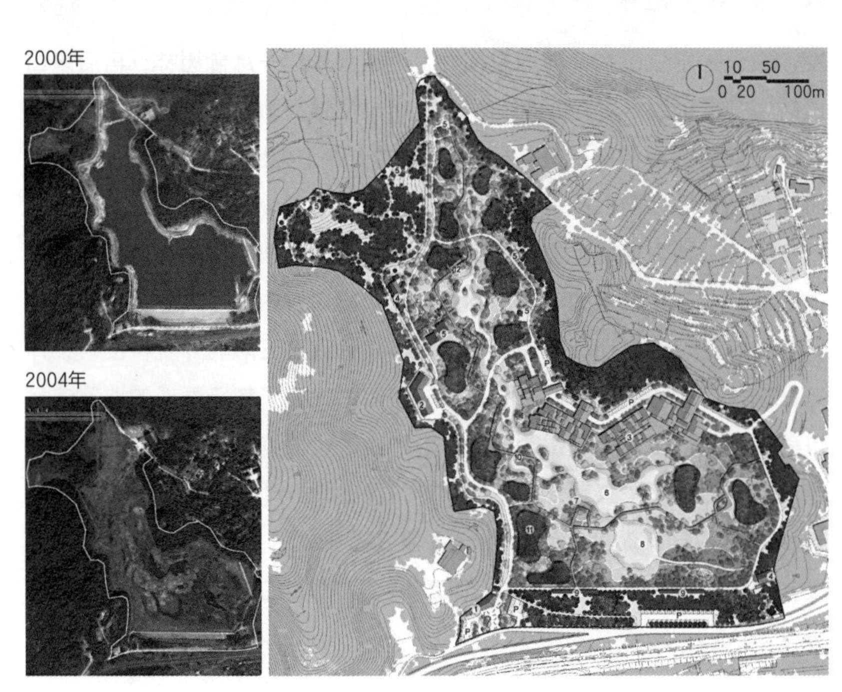


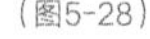
（图5-28）

（图5-29）

### 5.4.5 生境演化过程的时间控制

想让场地目前的状况尽量延长，也就是把人为截断的水再引进来，这样可以使这个湿生的环境一直持续下去，演替的过程就被拉长了。

——王向荣

虽然江洋畈生态公园最基本的设计策略是留存，不干预自然的演替过程，但这种“不干预”并非绝对。事实上，设计师通过重新引入原本被截流的山体径流恢复了一个重要的干扰项，推后了次生林被周边山林占领的时间，使他认为最具价值的演替阶段被拉长甚至出现反复，实现了对整体演替进程时间上的控制（图5-30）。

1999年以前

场地为自然山林谷地

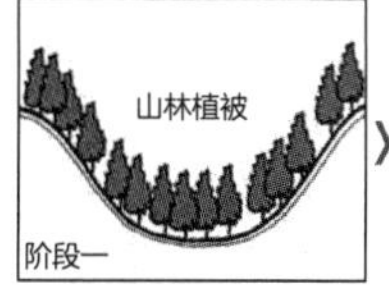


1999~2003年

西湖疏浚，淤泥在此堆积形成淤泥库区

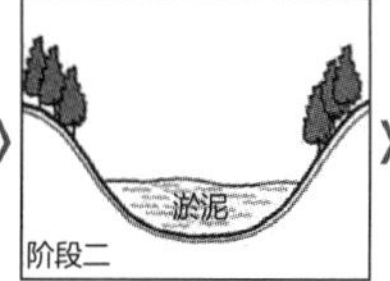


2003年以后

先锋耐水湿植物开始生长逐渐形成湿生植物群落；
种子来源：主要为淤泥的种子和鸟类带来的种子

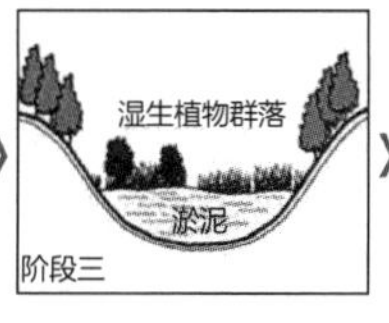


目前状况（动态的不稳定阶段）

表层淤泥已经干化，水逐渐减少，旱生植物逐渐增多，场地形成杭州独特的次生湿生林生境；
种子来源：主要为淤泥中的种子、通过鸟类传播的种子和周围山林自播的种子

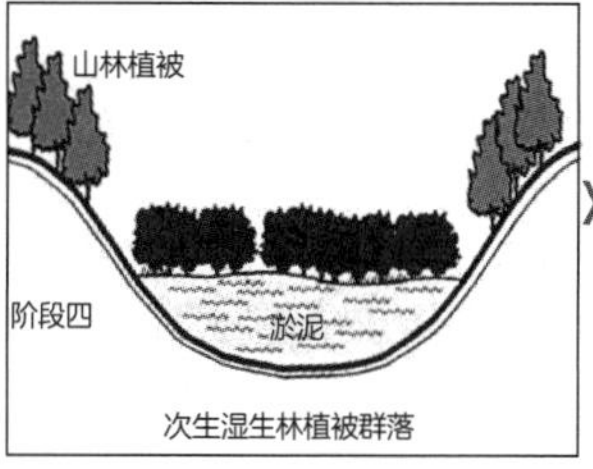


若干年后……

如果不进行人工干预，未来这里将逐渐演替成与周边山林相一致的山林植被群落

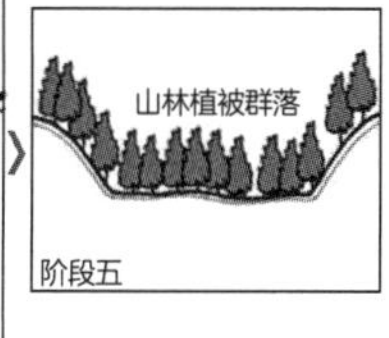


（图5-30）

如上文所述，在完全无人工干预的情况下，泥库上植被会经历水面—湿生植物群落—次生湿生林植被群落—山林植被群落的演替过程，最终被山林植被占领。设计师既想保证这一自然演替过程的持续进行，又担忧它进行的过快而使泥库迅速被同化为一处普通的山林，于是借助了自然的力量来拉长泥库现在所处演替阶段的时间。设计方案中将泥库边沟的局部豁开，使山体径流重新进入泥库补充水量，令泥库内的水位能够随自然条件而不断变化，从而维持了沼泽地的存在。所以设计方案中的“不干预”的性质是很复杂的，须分情况而言：设计师通过豁开边沟、重新引入山体径流而使泥库生境原有的演替过程被干预了；但边沟本身是泥库兴建时对径流走向的人工干预，将其豁开也就是取消了原来的干预行为，在这个意义上，这样的做法又可以不算作干预行为。

事实证明，山体径流的引入确实使植被演替出现了局部的反复，而一些设计师预想之外的情况使这种反复更为剧烈。首先，公园建成至今淤泥又下沉了约30cm，致使低洼的地方变多，积水面积也就变大了；另外江洋畈博物馆希望水面能够高一些，常关闭公园东南角排水的闸门，也使积水不断增多。许多低位的柳树因水位上升而死亡，取而代之的是芦苇等湿生植物。对此情况，设计师与公园管理部门商议仍然采取了不干预的措施，让不同的植被类型自行演替。7年间江洋畈公园的景观确实如设计师所预想的那样不断发生着普通公园中不可能出现的变

图5-28　江洋畈生态公园设计平面图（右）及其与2000年（左上）、2004年（左下）场地航拍照片的对比
（图片来源：王向荣提供）
图5-29　生境岛实景照片
（图片来源：王向荣提供）
图5-30　植被演替过程分析图
（图片来源：李利，2016：44）

化，但他们也无从知晓这些变化到底会是什么，已经发生的有水面的大幅升高、柳树的死亡与芦苇的重生、淤泥下沉引发的道路变形和错位等等，未来会出现什么新情况现在无法预知，这种不确定性恰恰也是设计师有意的“安排”，将这片场地再一次还给了时间之手。

### 5.4.6 与太子湾公园的比较研究

一个可用于对比的案例，是1979年利用西湖第二次大规模疏浚所产生的淤泥堆积而成的太子湾公园（图5-31、图5-32）。

太子湾公园的设计中，在平面规划、整体立意、空间效果中都很难觉察到它作为西湖疏浚淤泥泥库的初始身份。公园最初的设计构思已不可考，在此作若干推测：首先与江洋畈生态公园相比，太子湾公园的地理位置更临近城市中心区，由此确定了它作为一个城市公园的定位，而一个使用率较高的城市公园必然会受功能、安全性等规范的制约，江洋畈生态公园的设计者王向荣教授在访谈中将江洋畈方案的顺利实施“归功”于它极为偏僻的地理位置；另一个问题是理念和接受度，设计师及大众对于理想状态的公园以及关于“自然”概念本身的认知是在不断变化的，且在当下观念的更新更是非常之快，若把江洋畈生态公园的设计放回太子湾公园建设的年代，遇到的阻力之大也是可想而知的；另外还可能有技术、经济、政策等因素的影响，暂不一一考证。

建于20世纪80年代的太子湾公园本身无疑是一个非常优秀且具有代表性的城市公园设计案例，但不可否认的是，它的设计与建设确实抹去了场地一段重要的历史，取之以英式自然风

（图5-31）

（图5-32）

景园的外貌特征——至少在结果看来是这样的。其实江洋畈生态公园的设计师也曾面对类似的选择，王向荣教授在回忆江洋畈生态公园最初的设计构思过程时说明了他的立场并解释了原因：去掉原生植被并将泥库改造为一个大水面，再以仿古建筑显现吴越或南宋的历史在技术上是完全可以实现的，但如果这样做，江洋畈独一无二的自然、文化特质便被彻底地摧毁了。作为独特自然、文化过程最直接、真实载体的场地正是一种不可再生的资源，这也是本书强调“留”之必要性的主要原因。

## 5.5 转塑载体：以克雷乌斯海角自然公园设计为例

**我们为人而设计，也为自然设计，并不只是为了自然设计。方案的目标是将一个直接而严苛的修复命令转为“景观的”叙事，使这一过程纪念碑化。**

**——EMF设计师吉玛·巴特洛里（Gemma Batllori）**

图德拉市克雷乌斯海角自然公园［Tudela-Culip（Club Med）Restoration Project in ‘Cap de Creus’ Cape］位于西班牙伊比利亚半岛东端，与绝大多数“自然公园”不同的是，它的设立并非简单地基于保护区域的划定，在这之前还经历了一个彻底擦白的过程。但在严苛的自然保护法案下，设计师仍然试图发掘、重现这片场地完整的历史（图5-33）。

研究材料是ASLA官方网站上2012年获奖项目的图纸与文字资料（文中的分析图均是笔者以此套图纸为基础绘制）、《十字架海角地中海俱乐部景观修复》、笔者对设计师Gemma Batllori的邮件采访和一段Landezine网站上的项目介绍视频，后文不再逐一标注。此外，赵佳萌同学于2013年12月1日到项目现场进行了考察并向笔者提供了照片等一手资料，在此特别致谢。

### 5.5.1 场地概况与变迁历史

地中海俱乐部（Club Med）是一家成立于1950年的大型国际旅游度假连锁集团。1961年，图德拉市克雷乌斯海角被该公司选中为新度假村项目的基址，在此建成了一个拥有430栋现代主义风格建筑，可同时接待900名游客的度假村。

度假村的主要设施沿海角最为平坦的一处海滩而置，2组、400间被称为“细胞”的酒店房间和位于中部的游客服务中心分别选址于三处谷地之中。酒店房间的形制是标准化的，

图5-31 江洋畈公园照片
（图片来源：多义景观官网）
图5-32 太子湾公园照片
（图片来源：网络）

3.1m×3.9m，但每一个房间的位置和朝向都是根据地表岩石的状况而特别设定的，以保证不对岩石造成损伤，因此在总体平面中呈现出了不规则的排置方式（图5-34）。尽管如此，建筑群仍以巨大的体量对这处海滩形成了占领之势（图5-35）。

（图5-33）

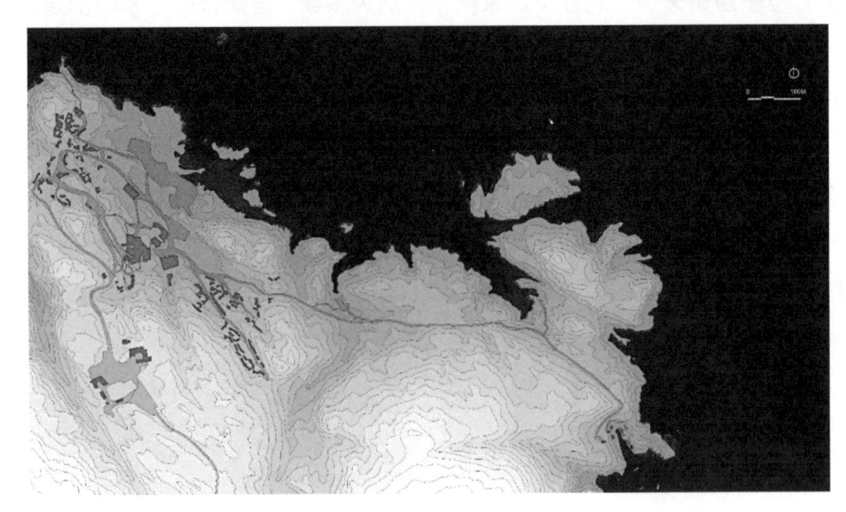

（图5-34）

（图5-35）

然而随着生态保护意识的提升，人们发现这里的岩石和植被具有极高的地质与生态价值：主要的岩层形成于6亿~2亿年前地壳下10~50km处的岩浆变质过程，于3500万年前庇里牛斯山造山运动时期被抬升至地表。于是包括度假村在内的克雷乌斯海角地带被划定为级别最高的保护区域，2003年度假村被永久性关闭，2005年西班牙环境部门收购了土地产权，2005~2007年正式启动了海角环境的修复工程。由EMF景观事务所和Ardévols咨询公司领衔包括了50名以上具有不同专业背景的专家团队共同完成了方案的设计工作。

### 5.5.2　彻底归零的法案

**（……引出了最终的问题）擦除和留白是否正如填充与添加一样有效。**

**——ASLA申奖材料的项目陈述**

该区域被选定为3658地区的自然公园后，管理计划第2.9条中明确规定：对此区域内所有的建筑构筑物、房屋以及其他设施等进行彻底而全面的拆除、清理，并对受影响的土地进行生态修复，包括物种与群落的恢复。如设计者所说，图德拉市克雷乌斯海角自然公园是“地中海沿岸历史上最大的拆除与修复工程”。基于细致的勘察调研与研究，恢复的工作主要包括：

（1）建筑物：有选择地拆除了430栋建筑物，相当于1.2$hm^2$的改建场地以及6$hm^2$的硬质化城市设施场地，以近乎“考古学的”标准彻底清除了场地中建筑物地基、废弃物、水泥，并对拆除工作所产生的4.5万$m^3$建筑垃圾进行了有计划的回收管理（图5-36）。

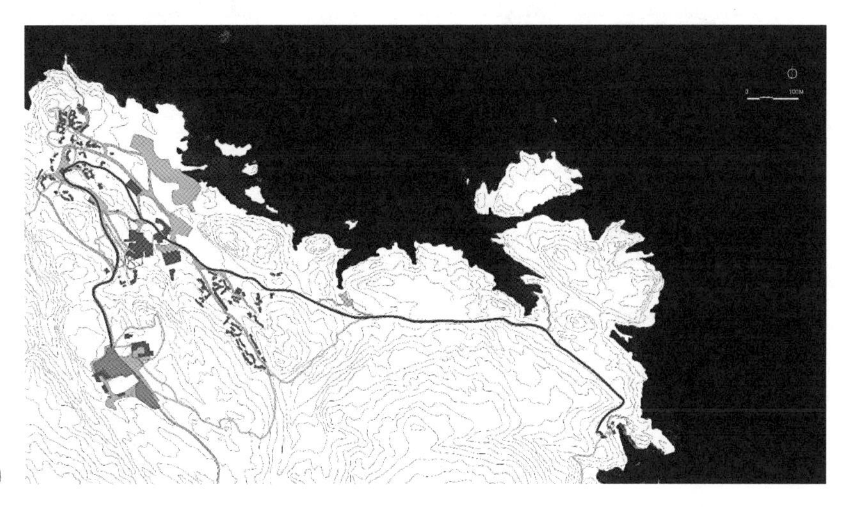

（图5-36）

图5-33　图德拉市克雷乌斯海角自然公园现状航拍照片
（图片来源：底图源自谷歌地球，作者改绘）
图5-34　地中海俱乐部修建的度假村平面图
（图片来源：作者据EMF图纸绘制）
图5-35　地中海俱乐部修建的度假村照片
（图片来源：EMF图纸，引自ASLA官网）
图5-36　设计方案与拆除设施的平面叠加图
（图片来源：作者据EMF图纸绘制，其中灰色部分标示被拆除的设施）

（2）植物：清理了面积达90$hm^2$、含18个种类的外来入侵植物区，并遵从植物学家的建议不采用人工手段干预植被的恢复。

（3）地形地貌：利用回收的建筑材料塑造地形来恢复场地原初的高程关系以及汇水与径流系统，保障海陆之间的物质与能量流通（图5-37）。

如此逆向的建设过程在当代景观实践中是较为少见的，20世纪后半叶环境伦理的强势崛起以及地质学、生态学等现代学科的发展等是彻底归零的法案出现的共同原因。度假村的兴建与拆除代表了不同历史时期人们对于克雷乌斯海角这片场地价值判断的转变。

（图5-37）

### 5.5.3 擦白后的复建留白

拆除工作之后是关于场地未来的选择问题，笔者以这个问题采访了EMF设计师Batllori。首先，既然这里的自然环境如此珍贵脆弱，为什么没有将它定为一处限制进入的自然保护区，而仍然是公共开放的公园？她认为这不符合他们的设计理念，“我们为人而设计，也为自然设计，并不只是为了自然设计”，所以这里仍应是一处与人有关联的“景观”，另外这样的规划也有助于缓解附近灯塔海角的游客压力。第二个问题是，场地上所有的建筑物都被拆除了，但新建的观景台、展示广场等设施却部分地重现了原有建筑的外形，为什么会作出这样的选择？Batllori解释说她无法给出确凿的理由，这只是一个设计概念，但“将

1961年，地中海俱乐部建立

2010年，拆除与修复

以原材料部分重现

（图5-38）

一个直接而严苛的修复命令转为‘景观的’叙事，使这一过程纪念碑化”的总体设计策略其实已经给出了答案，尽管地中海俱乐部度假村的建立被认为是场地发展历史上一个并不光辉甚至产生了极大消极影响的时段，但它的兴建与拆除仍是场地不应被抹除的历史，如此设计的目的正在于对这一变化过程的纪念（图5-38）。

中心景区的几组主要观景构筑物均是采用了原有建筑的外貌特征，熟悉场地历史的游人可以很容易地分辨出这些构筑物所指向的历史时刻，场地中也设有多处解说牌及对比照片，向人们诉说这片场地不平凡的经历。从另一方面来看，即使是不熟悉场地历史、无法识别历史信息的游人，他们也很可能会意识到这些构筑物是某种特别的存在，在与曾经的人们相似的进入、停留、观看过程中实现了某种跨时空的关联，也是这段历史别样的延续方式。

设计方案还旨在发掘场地中其他的人文历史信息。当地人很早便发现了克雷乌斯海角上岩石形状的奇特性，渔民们为了帮助定位、导航，用与它们形状相似的动物名称来给突出地表的石头命名，时至今日孩子们仍然乐此不疲地做着这件事情，还有学者考证著名西班牙画家达利（Salvador Dali）的创作直接受到了此处岩石形态的启发。设计方案中对这一传统作了提示，筛选了8处与动物形象最为接近的岩块，沿一级道路设置的提示牌翘起的一端是对岩块位置的提示，锈钢板上并没有关于命名的文字说明，只刻着岩石轮廓的线条提示，留给了游人一定的想象空间（图5-39、图5-40）。

图5-37　修复工作实施前后的场地对比照片
（图片来源：EMF图纸，引自ASLA官网）
图5-38　场地的擦白与擦白后以转塑方式实现的留白过程分析图

（图5-39）

（图5-40）

## 5.5.4　复建的选点及其对场地的空间控制

克雷乌斯海角自然公园并不是如法案中所说的那样，一个将受人力干扰和损坏的自然场地完全归置于起点的修复项目，从“公园”的名称便可看出它其实是用一种低干预的进入自然的方式取代了原有的高强度进入模式——设计的目的仍然是进入并建立人与自然的直接联系，只不过在新的方案中人并不占据、享有自然，他的身份是一个来自远方的发现者与怀着敬畏之情的欣赏者。

公园内必须有道路、栏杆、观景台等基础设施，由上文可知，大部分设施都是对原有地基的再利用以及建筑的部分复建。这里导向了下一个问题：哪段道路将被改建、再利用？哪些建筑将被部分地复建？

新的公园方案中设置了三个等级的道路体系（图5-41、图5-42）：

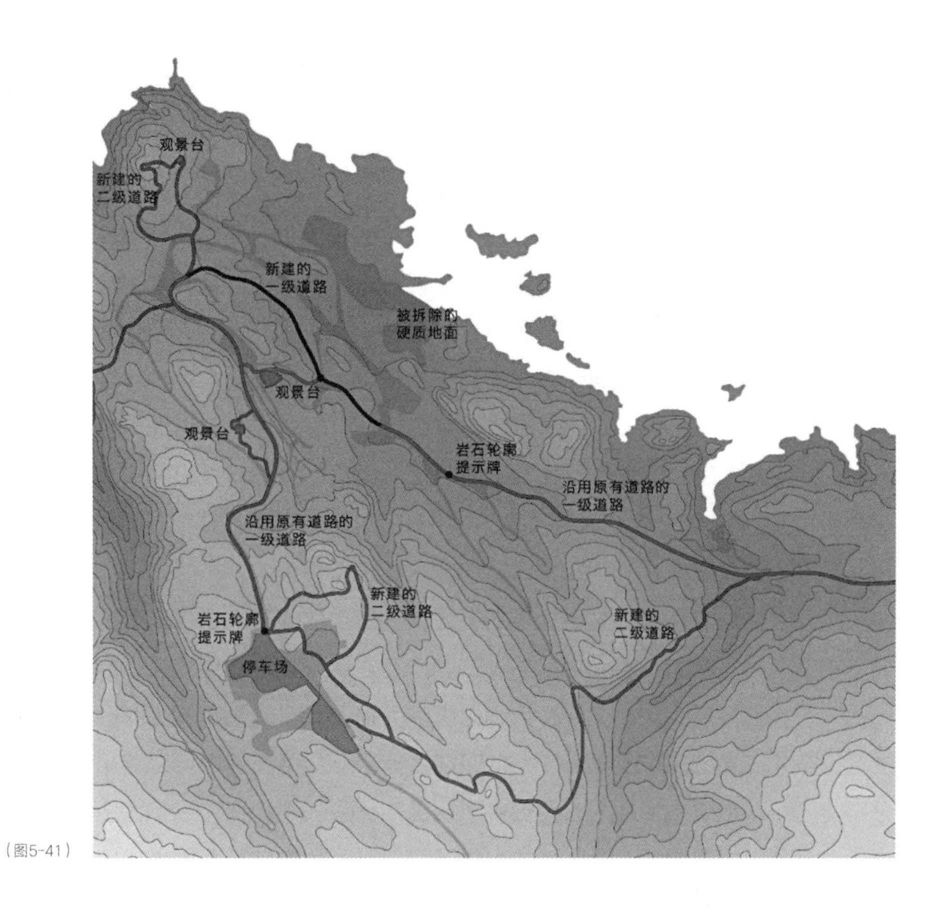


（图5-41）

（图5-42）

图5-39　提示牌设计与实景对照图

（图片来源：网络）

图5-40　提示牌照片

（图片来源：赵佳萌 摄）

图5-41　道路体系与主要景点平面图

（图片来源：作者据EMF图纸绘制，浅红色表示拆除的部分，深红色表示保留并改建的部分，黑色表示新增建的一级道路，灰色表示新增建的次级道路）

图5-42　各级道路照片

（图片来源：赵佳萌 摄）

一级道路是贯通整个景区的主要道路，宽度约3.5m。图中以深红色标示的路段沿用了原有道路的选线（拆除前的道路广场区域以浅红色标示），将原有道路的宽度缩减，重新界定边线并以沥青重铺。以黑色标示的路段是新增加的道路，图中可以明显看出它是原有道路向陆侧的后缩，以退让出较为完整的海滩。一级道路的西段是在原有停车场基址上回填了3800$m^3$石料、重塑地形、清除硬质铺装后形成的新停车场，停车规模缩减至原有的一半左右。

二级道路是联系一级道路与各主要观景点、构筑物的路径，形式较为灵活，有混凝土浇筑的栈道与钢板栈道等。

三级道路其实并不能算作严格意义上的道路，而是散置在场地中的提示性护栏，设计者将护栏成为“角（Corner）”的提示器，它们旨在引导游人发现场地中容易被忽视却颇具特色的景点，之字形的路径既使攀登体验更为舒适，也能够引导游人进行多角度的观察。后两级道路在图中以灰色标示，大部分为新建，覆盖到了景区内主要的几个制高点，相较于一级道路在高程与形态上都更富有变化，观景体验的趣味性也是更强的。

观景台的选点主要是基于视线的考虑，一些小的观景点仅保留了原有建筑的地基并设置了简单的锈钢板座椅，Batllori特别强调这些地基之所以能够被保留，是因为它们本身就是采自这里的石材；另外几组较大的观景点则以拆除而得的石料、锈钢板为材料，象征性地复建了原有建筑，其中主要的3组在图5-41中以深红色标示。从平面图中可以看出，观景台是较为均匀地分布于整个场地之中的，为游客提供了明确的休憩、观望点，它们大多选址在面向海面的缓坡之上以获得较好的视野，构筑物的形体还可以对观景方向与范围做出限定与引导，从而为原本开阔的海滩景色增加层次。

总的来看，道路体系、观景台的选址与形态设计均是为了让游人能够最大限度地发现场地独特的自然风貌，正如设计者的定位，“这个项目的目标不是营造出景观，而是创造游人体验景观的条件”。

## 5.6 小结

场地是人居于环境的整体状态最直接而真实的载体，场地留白设计策略的主要目标，就是识别并凸显场地作为过去“居”之载体的特质，同时使之融于现在的使用方式。

人有意识地设计、改造场地的活动必然会使场地发生改变，留下物质痕迹，这些痕迹中含有场地作为“居”之载体的有效信息。大部分承载了这类信息的物质痕迹是设计、改造活动直接造成的，既是对象也是结果，另一些是受其影响间接形成的，还有些则是部分重塑的结果。

据此可将作为“居”之活动载体的场地分为四类（图5-43、表5-1）：以上海辰山植物园矿坑花园为代表的场地类型是整体空间型直接载体，开采活动使场地的整体地貌发生了剧烈改变，成为最能反映其特征的标志，设计的主要策略是保留、强化整体的空间特质，同时在场地新的使用方式中建立人直接体验空间的途径；以巴塞罗那罗维拉山山顶为代表的是直接载体类型中的元素型，通常在较小面积上集中了大密度信息，设计的主要策略是使这些信息清晰化，并试图将这些元素融入场地新的使用状态，而不是简单地搁置在场地中；以江洋畈生态公园为代表的是间接的载体类型，这些场地并非它所意图表征的设计、改造活动直接作用的对象，但却是受其影响而生，所以设计中还须强调场地本身与这些活动的关联关系；以克雷乌斯海角自然公园为代表的场地是转塑型，因可控 / 不可控的原因，原有的物质痕迹无法被留存，为保持时间维度的完整性，可以结合场地新的使用方式用原有材料进行部分复建，是一种具有转化性质的重塑（这种方式的使用应更为谨慎、节制）。

表5-1　四种载体类型的适用对象、设计策略总结表

| | 适用的场地类别 | 设计的主要策略 |
|---|---|---|
| 整体空间型直接载体 | 被开采、填埋、大型设施建造等活动剧烈地改变了整体地貌的场地，被干扰的自然环境居多 | 保留、强化这种空间特质，同时建立新的使用方式中人直接体验空间的途径 |
| 元素型直接载体 | 在较小面积上集中了大密度信息的空间，仅有个别元素被留存的场地，人工构筑物居多 | 使这些信息清晰化，并试图将这些个体元素融入场地新的使用状态中 |
| 间接载体 | 没有直接作为设计、改造活动的对象，却受到这些活动间接影响的场地 | 除将场地载体特质融于现在的使用方式外，还须强调场地本身与它所表征活动的关联关系 |
| 转塑载体 | 因可控 / 不可控的原因，作为过去场地使用方式直接载体的实物无法被留存 | 结合场地新的使用方式用原有材料进行部分复建 |

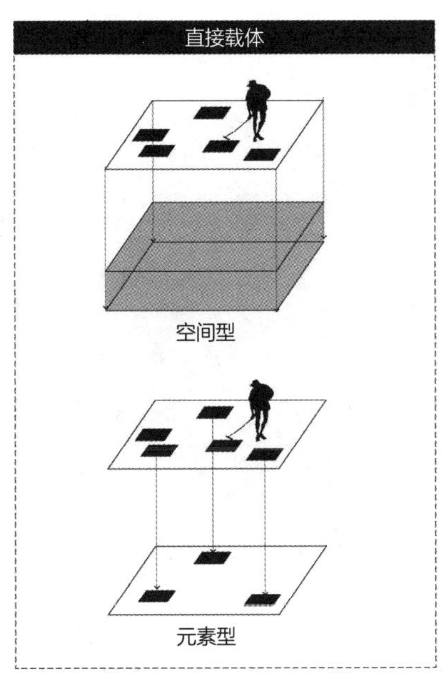


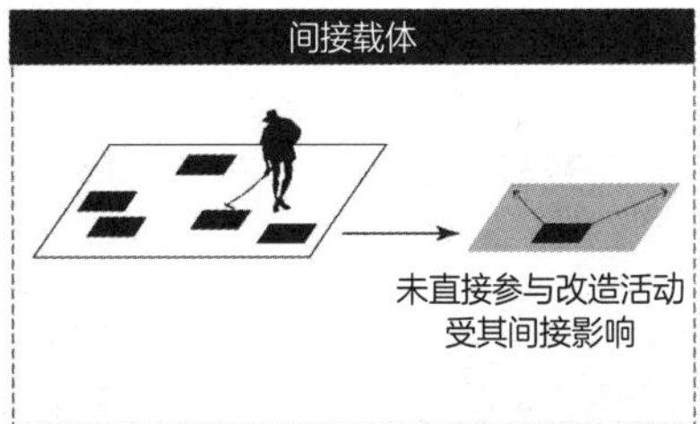


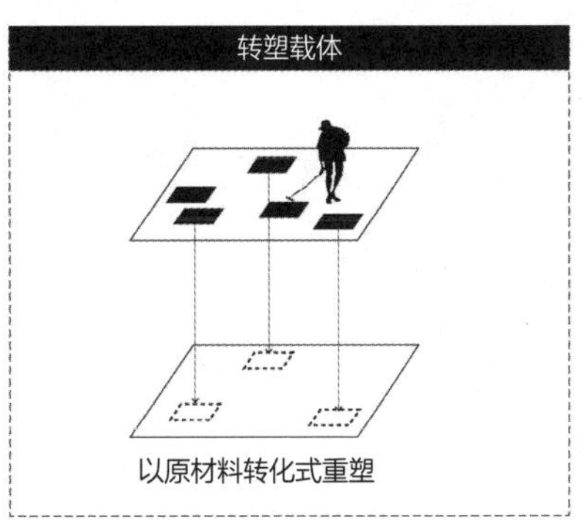


（图5-43）

图5-43　四种类型的场地载体特征分析图

# 第6章 场地留白的施行

7

本章将论述场地留白设计策略主要的施行步骤与方法，“锚固”是一种概念性的整体控制思路，旨在确立设计新置与场地原置的锚接关系，“识径”与“场化”则分别从原置与新置的角度出发，阐释这种关系在实体层面的施行方法。

## 6.1 锚固：空间与时间的定位

建筑是赋予人一个“存在的立足点（existential foothold）”的方式。

——舒尔茨

### 6.1.1 景观语境下“锚固”的概念界定

1991年，霍尔（Steven Holl）将从业20年的创作作品集结出版，以《锚固》（*Anchoring*）为书名。这一时期霍尔深受海德格尔现象学的影响，锚固的概念在书中被引申为建筑与环境的关系：“建筑是绑定于环境的”。霍尔认为，建筑与音乐、绘画、雕塑、电影、文学等最主要的区别在于它是一个不可移动的构筑物，它总是与场地的体验相缠绕，场地是它物质的以及形而上的基础。

船锚的工作原理是抛锚入水，在其钻入砂石之后将漂浮于水面的船体固定在某一地点，本书也将借用“锚固”一词所含有的将某物牢固定位之义，以它来表达设计新置与场地原置的锚接关系。在场地留白的设计策略中，锚固指的是确立一种设计介入的方式，令作为过去之“居”载体的场地能够在留存其特质的前提下，参与到现在之“居”的整体状态中，成为其不可缺少的组成部分，通过这种关联性，使新的设计锚固在特定的场地上，锚固在此刻的时间点。

锚固其实就是一种概念性的整体构思，重在关系的建立。以第5章中江洋畈生态公园的设计为例，王向荣教授在访谈中提到设计的总体构思是使自然的演替过程得以持续，同时要让人能够进入并充分地体验自然的变化。所以作为人类营建西湖之间接载体的淤泥生境，以新建的生态公园中主要保护与观赏对象的身份参与到了人对这片场地新的使用之中，成为其核心组成部分。由此确立了设计的两大体系——淤泥生境以及进入它的路径，锚固的动作也就此完成。在此基础上，再进入到实体层面判断某个具体元素的存留、改动与添加问题。在江洋畈生态公园的案例中，锚固阶段的成果几乎被直接翻译在结果空间中，因为泥库本体极为匀质化的特征弱化了实体地貌对概念实施的制约与影响，用设计者自己的话说：“这个路这么走，那么走，怎么走其实都是无所谓的，生境岛划在这或划在那都是无所谓的，都是可以动的”，这也从一个侧面反映了这两个阶段所意图解决的主要问题的区别。

### 6.1.2 锚固的动作分解

锚固其实是由一系列动作共同组成的一个复杂过程，可以被大致拆解为分离和锚接两个步骤（图6-1）。

首先是认识上的分离，设计者要清晰地认识到“锚”所衔接的是两个不同性质的事物，在船锚的例子中是船和河床，在场地留白的设计策略中是人与场地过去的关联方式和现在的关联方式以及它们相应的物质载体，这也是确保过去能够成为过去、此刻的时间点得以建立的基础。所以，空间上的分层确立了时间上的分层，但空间上的分层是基于对时间分层的认识。很多情况下，设计师还会通过材料、形式等夸大两者的差异性，在对比中增强空间与时间的张力。

下一步是锚接，即确定设计新置与场地原置的接合关系。锚接关系必然是双方共同受力的结果，一方面是对承载了过去设计与改造活动信息的场地实体作考量，判断它将以何种形式、何种程度被纳入现在的设计与改造活动之中，成为其不可缺少的参与者；另一方面，设计新置须在整体的视野下寻找它与原有场地载体的契合处以使二者能够共同作为现在之“居”的载体。那么，在这样的认识下，设计新置入的部分就具有了统筹的性质，因为它需要通过有限的介入而在自身与场地原置之间建立一定的关联关系，是锚接动作的关键所在。

### 6.1.3 锚固的方式

锚固方式的差异主要是由锚接面类型的差异所引起的，在由设计而产生的新的场地利用方式中，原置被转化利用的方式主要可分为整体式的和点触式的，这两种方式的分类并不是绝对的，也不是互斥的，它们常常会同时出现于同一设计项目之中，但根据场地具体情况可能会有所偏重（图6-2）。

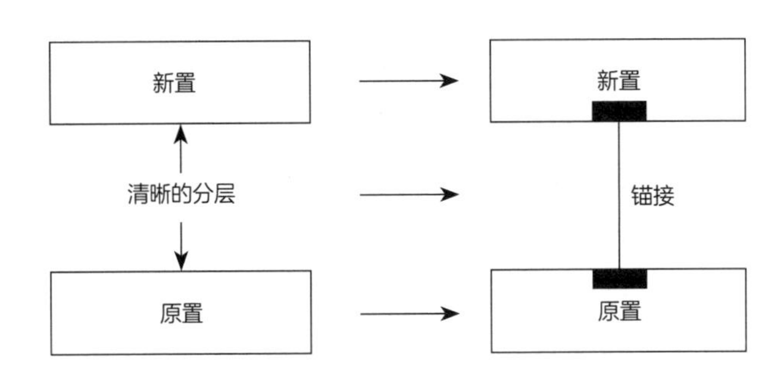


（图6-1）

图6-1　锚固的动作分解示意图

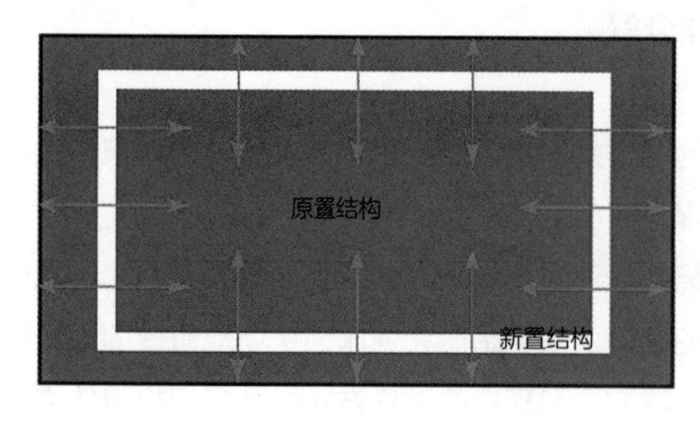

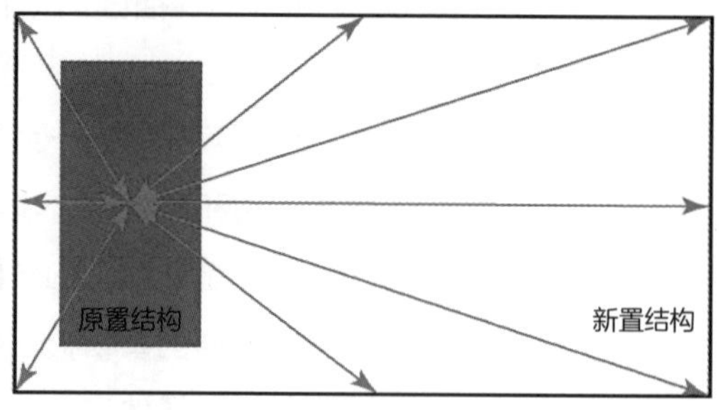


（图6-2）

1．整体式锚接面

整体式锚接主要适用于场地原置整体留存度较高的设计中，新置入的设计呈现为线性或网络状的，或覆盖整体范围的构筑物，以道路系统为典型。如此做法是在场地新的利用方式下建立人与原置场地环境直接的接触面，使它成为感官体验的主要对象，上一章所研究的辰山矿坑、罗维拉山景观修复设计以及江洋畈生态公园皆属此类，所以设计方案的主要内容是关于路径的选线及连接关系。当场地的载体特质是某种变化的过程时，这种整体式的锚接还可能发生在机能层面上，新置入的设计体系就需要维护原场地上生态或人文过程的稳定性与可持续性，哈尔滨群力雨洪公园就是一个典型的例子。

2．以哈尔滨群力公园为例

2009年哈尔滨市东部的新城群力开始建设，土人景观受委托设计了新区内占地34.2hm$^2$的中心公园。场地现状是一块被划入保护范围的区域湿地，在夏季降水集中、洪涝频繁的群力有着颇为重要的生态价值。在ASLA申奖陈述中“保留公园中心的现存湿地以继续作为自然演替区”被列为第一条设计策略，尽管许多当代公园设计都以保护原生自然生境为基本的设计原则，但在群力公园这样一个新城中心公园的中心区以几乎达到了零干预的方式保存天然湿地的做法还是非常少见的。

根据前期的分析数据，新城的建设将对中心湿地构成非常严重的威胁，因此设计提出了将单一功能的公园转变为雨洪公园的设想。从平面图（图6-3）中可以清晰地看出新置与原置的关系，中心湿地被整片保留，所有改动与新加的部分环绕其全周，被称为“蓝-绿宝石项链”。外围对中心在整体结构上的支持也是发生在多个层面上的：首先它创造了体验的引导，在平面上和实际空间中都将观者的视觉注意力直接引向中心，一系列的栈道、观景平台、亭子、观景塔等都在强化中心湿地作为主要观赏对象的存在；而在机能上，根据水泡群有着比等面积单一水域更丰富的边缘效应原理，以就地填挖方的方式创造出来的环绕全周的水泡群成为城市雨水进入中心湿地前过滤、净化的缓冲区，相当于在中心湿地的周围增加了一层滤膜，另外水泡群的存在还可以保证中心湿地水量的稳定，有助于实现三级淹没区域控制的设想，防止短时间内水流量的过大变化对中心湿地造成的损伤；另一方面，不同深度的水泡与不同高度的山丘为不

（图6-3）

同习性的动植物群落提供了多样化的栖息地，保证了整个湿地区域自然演替进程的正常进行。

3．点触式锚接面

另一种锚固的方式是点触式，主要适用于场地原置留存度较低的设计中。在很多实践中，或因不可控因素导致了清除，或因功能转换、经济预算等因素的考量，承载过去人们设计、改造活动信息的实体元素不能（不宜）被整体地留存。局部的保留形成了点触式的锚接面，这一部分通常直观而密集地承载了一定时期的历史信息，设计的目标是寻求它以原有的面貌适应场地新的使用方式的途径。

4．以上海杨浦滨江公共空间一期设计为例

**站在老码头上，倚靠着曾经的栓船桩，遥望黄浦江对岸陆家嘴CBD的场景，比任何符号化的记述方式都显更具感染力。**

**——章明**

自20世纪初开始，上海杨浦滨江一带陆续兴建了大量工厂，密集的工厂成为城市与黄浦江之间生硬的隔离带。随着工业的迁出及城市用地性质的转变，近十几年来，杨浦滨江区成为城市更新改造的重点区域，以东方渔人码头为代表的新建项目采用了本书开篇所提及的白板策

图6-2　两种锚固方式分析示意图
图6-3　平面图与分层分析图
（图片来源：ASLA官网）

略，几乎将场地上原有的构筑物完全推平，两张航拍照片的对比清晰地反映出了这一过程（图6-4）。事实上，当实施方案的设计师章明及团队介入这一项目时，滨江空间的施工已经开始，他们接到的委托是对原设计方案进行提升。但在第一次场地勘探时，设计师发现滨江一带原有码头的大部分构筑物还未被拆除，这一场景令他们十分兴奋，于是决定放弃原方案的方向，坚持他们一贯的“在场所残留痕迹中挖掘价值、寻求线索”的主张。设计师在《锚固与游离：上海杨浦滨江公共空间一期》中指出，在高速、粗放的建设进程中，在黄浦江边，由流畅的路径、丰富的植株、花岗岩铺装、采购的雕塑小品等打包而成的“喜闻乐见”的景观模式被不断复制，但他们将选择另一条道路。

从厂区到城市级大型活动中心，从货运码头到滨江开放空间，场地使用方式的颠覆是必然的，但设计师试图在两者之间寻找锚接面，他们认为场地上的物质存留是最佳（或唯一真实）的选择。由于拆除的施工工作已经开始，这些物质存留物都处在被清除的边缘，设计师以“抢救”形容他们的工作，防汛闸门、防汛墙、浮动限位桩、栓船桩、路面等都是在对原方案进行调整、与各方协商后才得以保留的。设计师认为历史是一个连续且不断叠加的流程，除了文物名单中的建筑物需要像文物般保护外，更多的历史、历史建筑仍是活的，可以在对它们进行保护的基础上，赋予这些构筑物新的生命力。

（图6-4）

本节开篇所引述的倚靠栓船桩遥望陆家嘴的场景就是这一理念最好的诠释。设计师首次勘探场地时斑驳的地面和高低不一的栓船桩所展现出的独特的沧桑感就给他们留下了深刻的印象，常年的货运使混凝土地面的肌理显得十分粗糙，在面层脱落的地方露出了原始的骨料，地面上还嵌有被用作分缝材料的角钢条，它们是码头历史的直接见证。所以设计师修改了原方案中全部置换为花岗岩铺装的设计，与混凝土专业技术团队合作研发适宜的工艺技术，最终使码头上的栓船桩和有着斑驳肌理的地面能够带着它们沧桑的历史融入一个现代的滨江开放空间（图6-4、图6-5）。

（图6-5）

图6-4　场地2000年11月22日（上）与2016年7月21日（下）航拍照片对比
（图片来源：谷歌地球）
图6-5　被保留的栓船桩（上）与码头间搭建的钢栈桥（下）照片
（图片来源：章明，2017：110）

### 6.1.4 在场式感知的重要性

**只有当人们置身于我的设计之中并在其中穿行时，我的设计才具有意义。**

**——哈普林**

表现为人持续地设计、改造场地的“居”显然须在场地之中进行，而对于这种活动整体状态的认识，尤其是对于作为其重要参与者与物质载体的场地的认识，也要借助人与场地在场式的直接接触而形成。

在一次访问中，欧林（Laurie Olin）被问及在图像技术高度发达的当代，亲临现场、发生物理的接触是否是设计之必须，他从两个层面作出了肯定的回答：首先以设计课的教学经验为例，尽管经过了为期6周的场地研习，但学生们进入现场时总会讶异于预想的场地与真实的场地之间巨大的差别，因为在此之前“不管已获得了多少信息，他们还是无法真切地感受场地”，只有在场时，这些信息才能够与现实，与他们自己的身体、感觉、认知相结合；而后欧林又说起自己在设计实践中遇到的相似经历，但他更进了一步，将在场与“存在于世（being in the world）”相关联，认为对这一层面的探求极为重要，“就像诗人、作家、音乐家、艺术家都在试着告诉我们怎样才是活着的、有知觉的、惊醒的，如何存在于当下的世界”。在欧林的描述中，亲临现场时发生的活动显然是多重的，既有对场地的认知，即信息的收集与整合，又有诗性的沉思——人身处在场地内时发生的如此多层次的互动正是“在场”的意义所在，是不在场的感知方式下无法获得的体验。

所谓“在场”，并不仅是人的身体在场或感官在场。一个被蒙着眼睛捂住耳朵的人，甚至可以走过一座广场而完全没有意识到它的存在；人也可以路过广场，阅读指示牌上悠久的历史，解读、研究它的形状与功能；当然人还可以“存在”于这个广场，这座城市中所有的道路都汇合于此，千百年来人们生活于此，而在此刻耀眼的阳光下与熙攘的空气中，大地、天空、历史、人都聚集于此。卒姆托（Peter Zumthor）在《建筑氛围》一书中解释最令他动容的氛围为何物时，以一大段极富诗意的语言描绘了一个复活节前阳光下的广场，可以被用作“在场”的最佳解释。他回忆了时间、天气、自己在广场上的位置、建筑阴影的颜色、各种声音、人的心情与活动、从他坐着的位置望去的景物等等，最后他问道：“是什么打动了我呢？是一切。是事物本身……还有形式，我所欣赏的形式、我设法破解的形式、能找到美的形式……还有我的心绪、我的感受，还有当我坐在那时使我满足的期待感”。不难发现，打动卒姆托的是一个有着复合属性的广场，不仅是他因广场而成为一个鲜活的生命，广场也因他而具有了存在的意义，否则只能是一个被路过的地点或一本被翻阅的说明书。

正因为承载居的活动的场地须以“在场”的方式进行感知，那么，以存续、展现这种载体特质为基本目的的设计行为便也自然地依赖于这种方式。许多优秀的景观设计师都曾表述过在场的感知方式在他们认识场地、确立设计构思过程中的重要意义，拉索斯曾总结道，发掘场地特性的第一步就是在场的“游察（floating attention）”：完全沉浸在场地和它周边的环境之中，在不同的天气、不同的时辰长时间地停在场地中，从土地到天空，直至你即将厌倦为止……然后试图寻找更佳的视点、微观的或是触觉的潜在景观。

## 6.2 识径：载体性质与利用途径的辨识

**当官借景不伤民，恰似凿池取明月。**

**——（北宋）黄庭坚,《借景亭》**

锚固是关于设计新置与场地原置关系的整体构思，本节将在此基础上对场地原有环境的性质进行分类，并分析不同性质的场地载体中原置信息提取与利用方式的共性。

大体来说，当代景观实践的对象可分为呈现为自然环境的场地和呈现为人造环境的场地，尽管每一处场地其实都是两者的混合体，设计、改造活动也必然会对两者同时产生影响，但在不同的场地环境中某种特质可能显现得更为突出，也更宜被转化到场地现在的使用方式之中，所以暂如此分类以便研究。

此外，场地载体特质的识别与提取其实已经是带有价值判断的选择与优化过程，这种价值判断的标准主要是由不同历史时期人们的自然观、历史观等多方面深层因素所共同决定的，它处在一个缓慢而持续的变化过程中。

### 6.2.1 呈现为自然环境的场地

1. 原始自然环境

**获得存在于自然的体验的一种模式是抽取某种有系统的宇宙秩序，它常以太阳周期为基础，是最不会改变的、壮丽的自然想象，即方位基点（cardinal points）。**

**——舒尔茨**

在原始自然环境中，人对自然物的依赖度是最强的，为了维系自身的生存与生活，人不断地试图掌握、利用自然环境的特质及其规律性变化。阳光、土地、水、风、火，以及春夏秋冬、云雨霜雪等皆与人的生活、生产息息相关。

20世纪下半叶的大地艺术实践，就是试图建立个体与广袤宇宙之间关联的典型。严格来说，这样的设计似乎不应被归入场地留白，因为它面对的场地极其宏大，设计置入的结构只能是浩渺宇宙中一个微乎其微的小点，不留白是不可能的。但是这类实践中所展现的以较少的设计介入来实现个体在空间、时间中的定位，以及通过这种定位赋予整体空间新的意义的设计思路与整体式锚固在很大程度上是相通的，具有一定启示意义。

太阳可能是自然环境中最为重要的元素，大部分自然现象、自然过程都与太阳有关，世界各地的古文明中都存在着不同形式的太阳崇拜，它也是许多大地艺术创作的主题。霍尔特的作品太阳通道（Sun Tunnels，图6-6）位于美国犹他州大盆地沙漠的荒原之上，4个预制的混凝土圆环体分两组以X形平面摆置，隧道的朝向分别对应夏至日、冬至日的日出、日落方位，在

（图6-6）

每一年的这4个时刻，太阳与两个圆环体处在一条直线上，阳光如同从圆环中心发射出来一般。管壁的顶部根据天龙座、仙英座等星座的图案凿有大小不一的圆孔，阳光透过圆孔照在管壁上显现出星座的图案，并且图案会随太阳移动轨迹不断变化位置。太阳与星辰都是人在原始环境中锚定自身方位的主要工具，这一组圆环体将这种关联强化、显现出来，从而将位于这一点、这一刻的个体与浩繁的宇宙相连。值得注意的是，圆环体的材料、形制与性能均与当地道路地下的管道相同，巨大而规整的圆形管道带着浓厚的现代工业气息，也使这一组装置与远古的语境拉开了距离。

2．农业自然环境

然而荒野中原始的自然环境在当代景观设计实践中并不常见，大部分设计项目都是在有人类聚居活动的土地上进行的，直至今日，存在范围最广的人与环境互动的方式仍是农业生产活动。与原始自然环境相似，农业自然环境也仅能作为一种具有启示意义的研究类型，以它为对象的某些设计同样呈现出与整体式锚固极为相像的思路。在这一类景观中，人的定位通常与自然环境、作物的季节变化相关。

越后妻有地区（Echigo-Tsumari）是日本中部一片广阔而多山的土地，面积约760km$^2$，有着悠久的农业文明历史，是里山文化的发源地。然而这一地区现在人口稀少、人口老龄化现象严重，为重振日益衰退的农业地区，自2000年开始举办三年一度的越后妻有大地艺术祭，鼓励艺术家们进入社区，与村民合作，共同创作具有地方特色、体现自然与社区共生的艺术作品。2003年张永和受邀在此设计一件作品，王欣的《园品三观》一文中记录了早期的方案：设计取名稻宅，因为稻米是越后妻有地区主要的经济作物，耕种稻田是这里人与自然互动最为典型的方式之一；稻宅被置于稻田间，三面围合顶部开敞，在一角设有带简易楼梯的观景台（图6-7）。稻宅的意义实现于自身之外，在于它对场地环境的聚集与引现。正如作者所说：“稻田是四季特点的强化之地，于是，设计应该是一个应时之物，它本身应该空无一物，‘不安四壁怕遮山’。在空间上，它就是一个‘量词’，它被消解了质地，抽空了体量，它将满盛周遭。在时间上，它是一个‘介词’，是应时之介物，我们借助它趣味地解读季节，一叶知秋，它是那片叶子。”

最终的实施方案虽在造型上进行了较大更改，但仍保留了早期的立意。设计缩减为一个以钢隔栅搭建的长方形框，高约3m，长约6m，靠近框的两侧分别设有两把相对的座椅，张永和将它形容为“一个概念上的住宅”。它的意义仍在于对周边环境四季变化的揭示，并为耕种者提供一个观看、停憩的空间。如史建所说，稻宅的外表看来极为抽象，却是张永和最富诗意的作品。

3．被干扰的自然环境

随着人们对城市化与工业化进程认识的深化，对于被人类生活生产干扰甚至损害的自然环境的改造方式也出现了变化，这一类环境，也就是通常被称为第四自然的场地在新的景观设计中被留存为基底的做法逐渐被公众接受。王向荣教授认为认识上的转变一是因为这一类场地已被认为是文明发展的见证，二是因为自我修复的自然所展现出的顽强生命力具有独特的科研与审美价值。对这种价值越来越广泛的认可是这一类场地设计实践中能够采用场地留白设计策略的基础，第5章作为重点案例研究的辰山矿坑、江洋畈生态公园皆属此类。

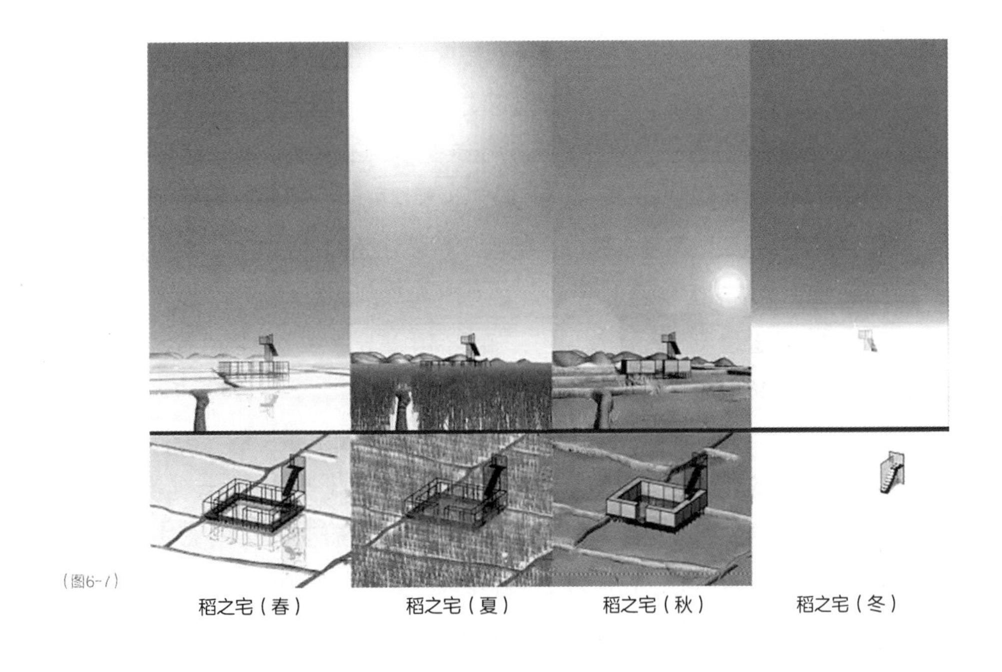


（图6-7）

图6-6　霍尔特，太阳隧道，美国犹他州大盆地沙漠
（图片来源：*Phaidon Press*，2013）
图6-7　稻宅早期方案设计图
（图片来源：王欣，2015）

被干扰的自然环境曾一度被视为“理想生态环境”之反面，甚至可能因受到损伤、污染而具有一定毒害性，美学价值也不如工业建筑遗产般突出，所以最常采用的是封存、覆盖或整体挪移的方法，尽可能地抹除它作为被干扰的自然环境的历史。由前文关于场地留白的概念阐释可知，如此做法的后果是中断、涂改了这处场地作为居之载体的时间持续性。场地留白的设计策略所主张的存留是一种定性而非定量的概念，即使是有毒害性而须被强制清理的场地也可以通过一定的方式显现出这种历史。以垃圾填埋场为例，除了垃圾实体之外，地形、交通运输线路、处理流程、厂房设施等等都可以作为这种场地使用方式的信息载体，也就是说，要留存的是场地曾经蓄有污染物的历史而非污染物本身，所以任何能够作为这一段历史载体的实物，甚至污染被修复的过程本身都可以被用为景观设计锚固的对象。

### 6.2.2　呈现为人造环境的场地

场地留白作为一种设计策略的研究价值，主要在于设计者为何以及如何在有选择的情况下做出存留的决策，也就是主动的留。为示区分，人造环境中有明确文物保护价值的，或因突出、普遍价值而在一般情况下能够被划入保护范围的场地类型暂不纳入本书的研究范畴（关于这一类型已有丰硕的研究成果）。

1．工业生产遗迹

随着后工业时代的到来以及城市的更新发展，许多工业生产厂区都面临着功能转换的问题，尤其在一些处于城市中心地带的改造项目中，彻底拆除、夷平后重建的例子是非常多的，前文所举的上海杨浦东方渔人码头的建设就是典型。

考森斯（Neil Cossons）在《为什么要保护工业遗产》中提出，工业遗产的价值首先在于考古学意义上的证据价值，物质遗存是历史的证据；工业遗产可以联系到某个工厂、行业、技术等，使人们获得身份感；另外，还可能有美学、工程等价值，在其布局、构成、肌理等方面显示出来。从20世纪70年代开始，后工业景观成为一种新兴的景观类型，美国西雅图煤气厂公园、德国杜伊斯堡风景公园以及我国广东岐江公园（图6-9）等都是颇具影响力的实践案例。2016年IFLA将杰里科爵士奖（Sir Geoffrey Jellicoe Award）授予了因后工业景观实践而闻名于世的设计者拉茨（Peter Latz），颁奖词中肯定了“（他）知道如何应对景观与城市规划领域内近几十年来愈加复杂的问题与挑战”（图6-8）。

在早期的后工业景观实践中，对作为生产遗迹的工业设施的利用，主要是基于美学的观赏价值，这一类设施巨大的体量与复杂的结构等完全不同于城市中其他类型构筑物的鲜明特征，从而使其具有了特别而突出的美学价值，在西雅图煤气厂公园中，最主要的一组储气罐是被栏杆围起来禁止游人入内的，它作为巨型雕塑被放置在公园中心，让人们远远观赏的特征是非常明显的。但正如工业设施过去的价值是作为特定人群工作、生活之所一样，若要将其生命延续，也须寻找这些遗迹转化到现在新生活方式中的途径。其实大部分的当代后工业景观实践都遵循着这样的思路，比如杜伊斯堡中被改造为游泳馆的煤气罐、改造为剧场的堆料区、用于攀

（图6-8）

（图6-9）

爬训练的混凝土高墙等；再如由798厂等电子工业厂改建的北京798艺术区、由南市发电厂改建的上海当代艺术博物馆等都是国内极具影响力的实践案例。

2．生活痕迹

个人或群体的生活遗迹实际上是人居于环境整体状态最亲密而直接的物质载体，这一类场地在设计中的价值也开始被人们发现、认可。城市是最为集中的人类聚居地，高密度的聚居催生了迥异于自然环境的城市景观，其中不乏一些人工痕迹浓重，看似有悖于常规生态与审美原则的构筑物。长期以来，它们都被理所当然地归入了“怡人景观”的对立面，是所谓景观美化工程重点整治、清除的对象。然而正如半个世纪以来人们对工业遗产态度的转变，这些构筑物中所承载的鲜活的人类寓居信息的价值也开始受到肯定，反映出了环境伦理逐渐向内在型维度倾斜的趋势。本书第5章中的重点研究案例——巴塞罗那罗维拉山景观修复项目就是这一类别的典型，设计中颇具颠覆性地保留了非法棚户区的马赛克铺地、台阶与墙体等，将它们视作场地不可缺失的一个历史层片；克雷乌斯海角自然公园也可以被归为此类，在严酷的“清零法案”之下，设计师仍然通过将建筑材料转塑为自然公园眺望台、沿用建筑造型等方法使地中海俱乐部这一段“并不光彩”的历史能够在场地中存留下来。

在谢墨托夫（Alexandre Chemetoff）拉维莱特公园设计的下沉的竹园中，设计师将在地下穿越公园的下水管、给水管、电线等各种市政管线融入新建的设施，让它们直接暴露在绿意盎然的公园环境中，提醒公园中的人们，他们所在的休憩之所是处在一个更大的布满各种工程管线的现代城市之中（图6-10）。

图6-8　都灵市多拉公园照片
图6-9　中山岐江公园照片

（图6-10）

## 6.3　场化：以情境场实现整体转化

本章6.1节中锚固是关于设计新置与场地原置关系的整体构思，6.2节中识径按环境性质的分类分析了不同性质的原置载体中场地信息提取、利用的方式，但场地能够在留存的前提下实现整体转化的关键还在于新置的部分。设计新置的部分在整体的视野下通过建立情境场的方法，在不触及、改动场地原置部分的情况下，借由人的感官感知、认知、想象等综合体验将它纳入场地新的使用方式之中，实现了场地原置以转化为目标的存留。

### 6.3.1　情境场的存在及结构特征

**非园之所有，乃园之所有；非山之所有者，皆山之所有。**

**——（清）袁枚**

“场”的概念最初是为描述带磁物体或带电物体之间相互吸引与排斥的现象而被引入物理学之中，并随物理学的发展而不断更新、分化，有引力场、电磁场、量子场等（图6-11）。剑桥出版社本科教材《电磁场理论基础》（*Electromagnetic Field Theory Fundamentals*）中这样定义“场（field）”的概念：当我们在一个给定区域内以一系列与该区域内每个点相对应的值来描述一个物理量的行为时，它就可以被称为一个场。场描述的是物体之间的超距作用，这种不依靠直接接触或能量交换而在两者之间建立关联的现象也普遍存在于景观之中。

一首经常被景观研究者引用的华莱士作于1919年的诗《坛子轶事》（*Anecdote of the*

*Jar*）便提供了一个典型的例子，因为诗人放置在田纳西山丘顶的一个坛子，“荒野向它聚起，绕它蔓伸，不再芜乱”，最终“与田纳西的其他东西都不同了”，可以理解为坛子的置入在山顶建立了一个因它而生的场。沃克对安德烈（Carl Andre）作品的评述能够提供一个更为直观例子：“这块草地有着自然的美，但与它周边成千上万块草地相比几乎没什么不同。在安德烈简单而又意味深刻地放置了一系列切割过的木料之后，这块草地就变成了一个产生并需要有意识和无意识记忆的场所”（图6-12、图6-13）。虽然没有直接的证据表明沃克曾阅读过这首诗，但这番评价却与华莱士诗的内容如出一辙，讲述的都是以一个较小的置入物改变了整片风景的设计行为——木料之于草地、坛子之于山丘都具有了场的控制意义。

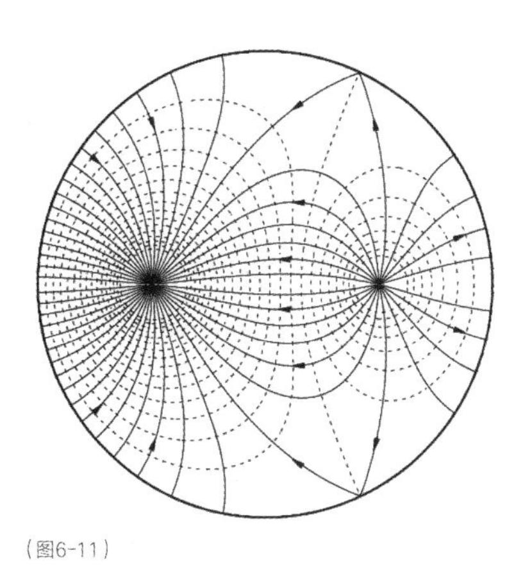
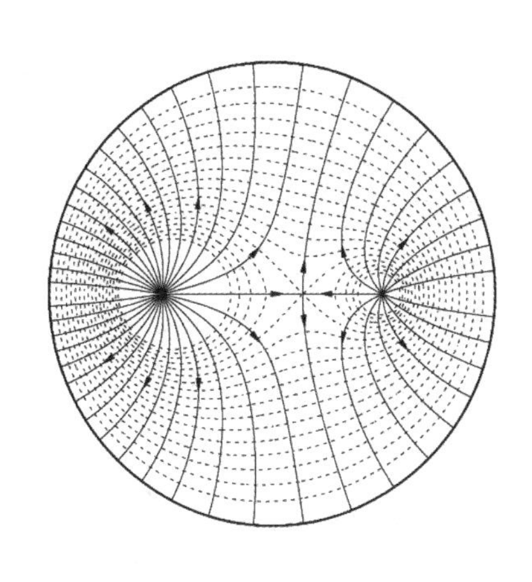

（图6-11）

（图6-12）

（图6-13）

图6-10　竹园中的管线
（图片来源：左图来源于网络，右图作者自摄）
图6-11　相吸与相斥的电磁场示意图
（图片来源：Mrozynski，Stallein．2013：16）
图6-12　切割线，卡尔·安德烈，1977
（图片来源：Levy Leah．2003：21）
图6-13　作者对图6-13的改绘，置入装置前、移除装置后的草地

人身处一定环境中，除了对于环境直接的感官感知，还往往会在识别其中某些信息的过程中产生关于这些信息之间关联、信息与自己生活经验关联的创造性联想、想象，将物质的环境内化为具有精神意义的情境，也就是本书3.3节中所阐述的具有精神性内涵、作为精神与物质统一体的场地。情境的形成过程展现出了一种非常类似于场的空间结构，为突出情境的这种特质，也为了与物理学中的场作区分，本书将景观研究中具有情境性质的场地空间称为“情境场”。

从场的定义与标准制图法中，可以辨识出场的几个基本组成要素：首先是场源，它是整个结构的中心点，所有的能量发散自此；由场源所发出的是引力线，它并非存在于空间中的实体，而是为了表现场源与场内其他部分的关系而虚构的分析线；场源向外的引力最终则形成了场域，也就是处在场源控制之下的空间范围，通常以向外递减的、与引力线组垂直的等势线组表示。若将这组关系对应到景观空间中，可以认为情境场是这样生成的：设计置入的某一个或一组实体被设定为场源；它因情境中的各种关联关系而具有了向外辐射的能量，由此确立了贯穿整个场地的引力关系体系；在引力关系的作用下，设计实体之外的空间也被纳入了设计控制范围，生成了覆盖更大空间的控制场域，也最终形成了整个情境场（图6-14）。

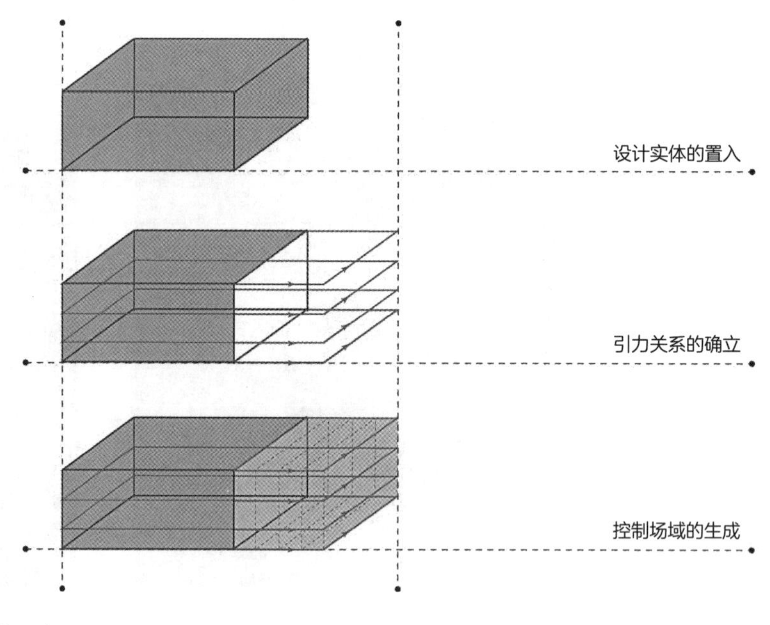


（图6-14）

然而必须说明的是，虽然景观研究中的情境场与物理学中的引力场、磁场、电场等有着极为相像的结构，但它与物理学中的场还是有着显著的区别。情境场中场源的能量基础是场地可承载人感觉、认知、想象等思维活动的潜质，由此生成的场与质量、电量等产生的物理学中的场的区别在于：一方面，人的思维活动是难以用定量的方法进行统计、计算的，所以主要构成元素都无法以量化数据进行测量标识，从而将情境场的研究主要地限定于定性的方法框架之内；另一方面，这种性质的活动是因人、因时而异的，不具有绝对的可重复验证的特质，因此也难以用普适的公式化规律做准确的预测。所以，本书的研究将重点关注情境场各构成元素自身的性质判断、元素之间关联的建立以及它们与实体空间的对接关系。

### 6.3.2 情境场产生的基础

**风景中的美、壮丽以及其他令人难忘的部分，通常无法在个别突出的、容易辨识的特质中寻获，而是在于将这些特质关联、整合的方式以及其中不可观测的材料之中。**

——奥姆斯特德（Frederick Law Olmsted）

情境场是因人对场地信息创造性的识别、联想而生成的，设计能够以有限的实体置入引发更大范围景观转变，是赖于人的体验的整体性以及作为体验对象的场地的整体性（图6-15）。

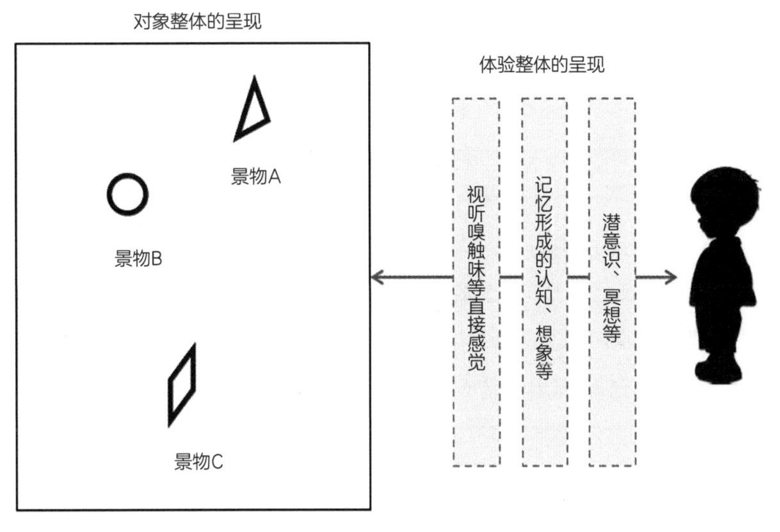


（图6-15）

图6-14　景观空间中情境场的生成过程分析图
图6-15　景观空间作为整体性情境的分析示意图

人对环境的体验可以被分为不同的种类与层次，比如按种类有视觉、触觉、听觉、嗅觉、味觉之分，又有直接的感官感知、依靠记忆形成的认知、想象以及潜意识等层次之别。感知、认知具有一定的共性，想象则是个人独特而私密的体验；感知和认知是人对环境被动的体验，而想象和行动的冲动又是相对主动的体验。虽然体验的分层是从古希腊时期便已被广泛使用的经典研究方法，但是这其中却内含着一个根本性的悖论：在人生活的空间中，体验是无法以单个种类或单个层次的形式发生的，这些被分类的体验在呈现上总又回到了一个不可分的整体。尽管人对于景观空间的体验常常会偏重于某一层次或某一种类的，甚至以它为主导形成关于整体的判断，但这并不影响体验整体呈现的性质。

与人体验的整体性相对，作为体验对象的景观也应被视作一个整体，在空间中，人是无法单独地感知某一种类型或某一个单体的景观元素的。瓦丁格尔（Jurgen Weidinger）认为："景观设计的总体特征是创建一种融合了功能需求的氛围效果"。氛围可以被认为是各构景元素以及它们相组合而成的整体对于人的全面的感官刺激以及由之引发的综合体验，只有景观被视作整体的情境所之时才会显现出氛围的特质。库伯（David Cooper）甚至在《花园的哲理》（*A Philosophy of Gardens*）一书中攻击"园林是自然与艺术的组合"的说法，论证了将园林单纯地视为艺术、单纯地视为自然或两种性质的元素组合都是有失偏颇的，它应以两者相合的方式被认知，由是他转向了"氛围（atmosphere）"，即将"园林作为整体的呈现"。

必须肯定的是，拆解的方法确实有着清晰、易读、易于实践接口等非常多显而易见的优势，再加上结构主义、解构主义等艺术思潮的影响以及信息化的绘图工具的推波助澜，分层次、分因式的拆解思路在当代景观中的应用极为广泛。麦克哈格（Ian McHarg）影响空前的空间分层法便是典型，将各种因素以颜色分等级绘制成"一系列透明的胶片，犹如光线透过一个着色的玻璃窗"，定位出自然和社会综合损耗最低的区域；林奇（Kevin Lynch）的《城市意象》则是一部在中小尺度上强化对景观元素进行归类与拆解的经典著作。这两部著作的开创性和对整个学科的巨大影响是毋庸置疑的，然而，尽管它们都强调了层次与元素相互之间以及其与整体环境的关联，但其中对于分解策略的偏重还是非常明显的，而沿此道路继续的大量研究中更是显现出了将方法僵化、公式化以及随意套用的趋势。近年来对于这种趋势的质疑不断出现，柯南便指出其中对于人类体验中不可被认知层面（noncognitive aspect）的完全的忽视。

与体验的分层一样，景观元素的分解也先天地带着一个悖论，分层或分解其实都是虚构的抽象构架，它们在实际空间中是无法独立地出现或被人体验的，可以更进一步地说，它们的加法组合仍然无法呈现出整体一般的效果。舒尔茨在阐述何为场所时就一再强调，作为场所本质的特性或气氛是定性的、整体的，因此不能够简约它的任何特质而不丧失这种本性。一处被人整体而综合地体验的场地，可被称为一处情境，它同时作为物质实体与体验场所而存在。

### 6.3.3 情境场的作用方式

支撑情境场结构的，是在人的综合体验中生成的情境场中的关联关系，设计新置的部分以局部地介入引发它与被留存的场地原置部分的关联，从而在两者的关联中实现整体空间的转

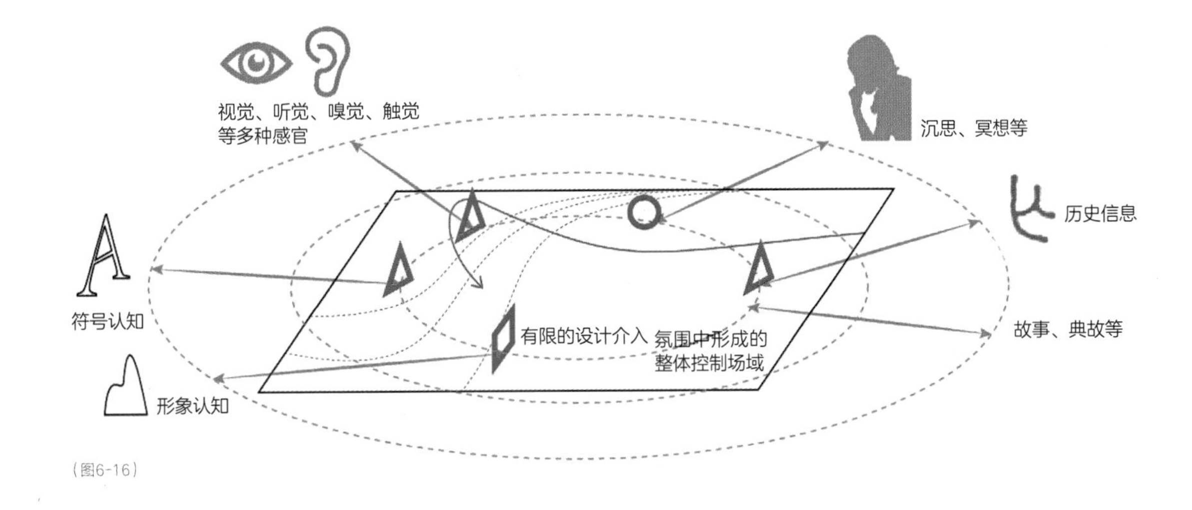

（图6-16）

化。所以，建立情境场的关键就在于建立其中的关联关系（图6-16）。

格兰赫（Joseph Grange）指出，当设计者的目光落在一处环境上时，他必须谨记三点：①景物是涵义，不是物质实体；②这些涵义是构成某种关系的节点；③环境设计的目标是将这些涵义的汇聚点相连结，以使观者能够体验到统领这些不同特质的整体精神；梅耶（Elizabeth Meyer）也提出景观设计应关注的是物体之间关系而非个体的“系统审美（Systems Aesthetic）”。建立情境场是一种整体性的设计控制方式，设计对场地的每一点做功发力都是在整体视野之下与元素的关联关系之中进行的，而不仅限于单点，因为正如上一节所述，景观总是以整体的方式在人的综合体验中呈现，6.1.4节中强调在场式感知的重要性，正是因为空间氛围是产生于人的综合体验之中，而人的综合体验须以在场的方式获得。

情境场中的关联关系形成了空间氛围（atmosphere），氛围是当代设计研究中一个非常重要的概念，舒尔茨就将其作为场所的核心特质，卒姆托也以“建筑氛围”作为书名，瓦丁格尔（Jurgen Weidinger）认为“景观设计的总体特征是创建一种融合了功能需求的氛围效果”，SLA创意总监安德森则指出“环境的氛围和质量更取决于感官体验、时间和体验者的身体”。氛围可以被认为是各构景元素以及它们相组合而成的整体对人的感官刺激以及由之引发的综合体验。其实氛围的实质就是关联，这种关联远远超越了个体元素所携带的图像或文字信息的加和，因而无法被简约为其中任意一项，所以，只有景观被视作整体的情境之时才会显现出氛围的特质。

情境场中的关联还可以进一步细分为以下几种方式：情境内的关联是指人处于某一情境之中时所体验到的情境内部各构成元素（物质和非

图6-16　关联关系对情境场的支撑作用分析图

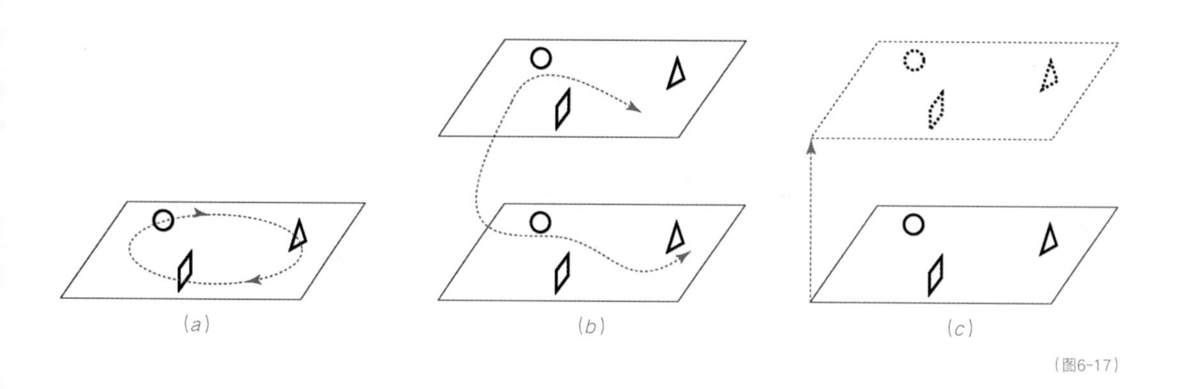

(图6-17)

物质的）之间的关联，它是单个情境建立的基础；情境间的关联又可分为因观者的连续移动、位置变动而产生的连续情境间的关联以及现有情境与观者联想、想象中其他真实的或虚构的情境之间的关联，若干相互关联的情境，又可以形成一个更为整体的情境（图6-17）。

### 6.3.4 情境场传达效用的判断标准

**设计者能够将涵义置入场地并保证它的实现吗？不，或者说，在绝大多数的场地中是不再可能的……我们为什么不能从身体的感觉开始，而不是从有教养的头脑开始？我们为什么不能试着让场地变得令人愉悦？**

**——特雷伯，1995年**

**在最近的设计中有一股贬低涵义的趋势；特雷伯试图将他的研究限定于形式以及形式化的东西，而对所有关于涵义的主张持怀疑态度。我无法理解这种对景观带有的人文因素的拒绝：这从来不仅仅是形式的问题，人总是参与其中的。**

**——亨特，2016年**

在景观设计研究中，关于设计者的预想能否，或更准确地说，能够以多大的程度传达给观者历来是学界争执的热点问题，特雷伯与亨特的分歧点就在于此。在利用情境场的场地留白设计策略中这一问题将更为突出，因为场地留白的设计策略虽然强调场地原置的留存，但它的目标是以场地整体的转化建立一个此刻的环境，以维系时间维度的延续，所以设计动作的范围和程度都受到了限制，只能通过提示、激发、隐喻等方式引导观者的体验，以期他们能够获得与自己相近的空间感受。

这里引出了一个重要的问题，如果作者与观者没有相似的知识背景和生活经验，那么作者预设的内容还能被识别出来吗？对中国传统山水画不熟悉的人只能看出山中的云雾和大面积的纸白；缺乏相关知识背景的人也很难理解中国古典园林中“筛月亭”“与谁同坐轩”等以题现境的奥妙。当某个个体通过一定的介质（物质、图像、语言等）向另一个个体传达信息时必然会出现一定的偏差，这也是传音游戏进行的基础。尽管被给予同样的激发物，解译的动作毕竟是由不同的人来完成的，每个人的知识背景、人生经历甚至心情，以及解译发生时的历史文化环境、具体的操作方式等都是偏差的来源。一般来说，传音的准确性赖于双方在普遍的知识、群体共享的记忆以及个人生活经历三个层次上的趋同，发生偏差的可能性也是逐渐增大。

但是在景观设计中，从作者预设到观者读取的过程的有效性，是以传音式的发展为标准的吗？传音式发展中极为常见的失效也是特雷伯质疑的出发点。其实这里还存在另一种可能性，正如前文所述，景观是作为整体的情境呈现的，整体的空间体验并不等于被拆解的各元素的体验相加而得的效果。由于传音式的传递方式体现的是一种分别识别各个组成元素的信息，再将它们相加而获得整体认知的技术路径，与景观作为整体情境呈现的特质相悖，所以本书认为有必要确立一种针对这一特质的传达有效性标准，即共鸣（resonance）。

无法否认的是，在很多双方几乎没有可以共享的知识与经验的情况下，观者仍然能够在一定程度上获得与作者预设相似的效果。完全不了解中国画论的人在欣赏大片留白的画作时仍然可能感觉到空白所产生的浩渺微茫的空间气氛（图6-18）；不懂古典园林用题典故的人也可以通过关键词的拼凑以及它们与实际景物的关联关系而萌生情思。也就是说，体验的传递并不一定是通过逐个像素复制的方式。庄子曾引关尹言：“在己无居，形物自若”，并进一步说明若与物“同”，则能与物相合，但若是“得”它，也就是占据形物，便会彻底的失去它。巴什拉

（图6-18）

图6-17　情境场中的几种关联关系分析图

（a）单一情境内个元素的关联

（b）连续情境间的关联

（c）现有情境与联想、想象情境间的关联

图6-18　长谷川等伯，《松林图》（屏风画）（16世纪晚期，现藏于东京国立博物馆）

（Gaston Bachelar）在《空间的诗学》中将回响（retentissement）视作“召唤我们深入我们自己的生存……实现了存在的转移”，尽管巴什拉认为共鸣与回响在现象学上是同源异义的，“在共鸣中我们听见诗，在回响中我们言说诗，诗成了我们自己的”。如果从广义的角度上，将共鸣视作人对自我、世界由非因果关系而产生的最广泛意义上的回应，那么回响其实也可以被认为是最高级的共鸣，本书所指的正是此种定义下广义的共鸣。

共鸣作为情境场传达效用的判断标准，主要有以下两个特点：第一，它并不要求双方完全一致，观者的空间体验不应被视为作者预设体验的副本，它们只是存在某种属性上的相似；另外，共鸣被引发的过程是一种主动发生，而非被动接受，观者是在一定的引导下富有创造性地主动地进行感觉、认知、想象。而共鸣能够产生的基础，主要在于不同文化背景下、有着不同人生阅历的人们对于景观空间的感官感觉，关于自我与环境、世界关系的认知，沉思、冥想等思维性活动存在着必然的共性。很多情况下这些共性可能在于潜意识层面，不以具体知识的形式出现，也可能无法用文字、图像等媒介进行准确交流，但不应因此而忽视了它们的存在。

### 6.3.5 基于情境场的设计发展模型

本节将基于对情境场结构特征、产生基础、作用方式、传达效用等的研究，分析场地留白的设计策略中新置结构以有限的介入实现场地整体转化的过程及其发展模型。

1．基于场地的基础模型

在景观设计研究的语境中场地这一基础概念在具体的实践、研究中存在着多种解读的可能性，而场地又是本书研究的关键词，因此在搭建设计发展模型之前，有必要梳理清楚场地一词的涵义体系。

“召唤结构”的提出者、接受美学的重要奠基人伊瑟尔（Wolfgang Iser）曾辨析了现实世界与“仿佛”真实的文本世界之间的区分与关联，亨特将之对应于景观，认为一座花园对两者是兼而有之的，并将这一特点视作景观最为核心、最具区分性的特征之一：“作为一种环境艺术，一处场地同时作为物质的实体以及被某个主体体验的场所而存在”。显然，前者（物质实体）对应的是人与环境外在型的关联视角，而后者（主体体验的场所）则是内在型关联视角下的产物。在2016年出版的著作《场地，视见，洞见》（*Site，Sight，Insight*）中，亨特对后者作了进一步划分：sight由动作look产生，对象是场地的地貌（topography），它是人以感官、知识、经验等对场地进行认知的结果，尽管sight产生于个体的视野而具有个体特殊性，但它仍是以反映场地本体的基本信息为目标；而insight对应的动作是see，see在此处已有明显的“想”的含义，它的对象是“场地实体之外的存在（something beyond what is there）”，是诗意的、隐喻的、沉思的。

基于此，本书认为作为“白”表征的场地是以下三重属性的复合体（图6-19）：首先是物质的场地，物理世界中的一块土地，可借由数据、图纸、照片等被准确地描述、传达、复制；其次是认知的场地，形成于人在场地之中以直接的感官及知识经验而获得的关于场地形状、颜

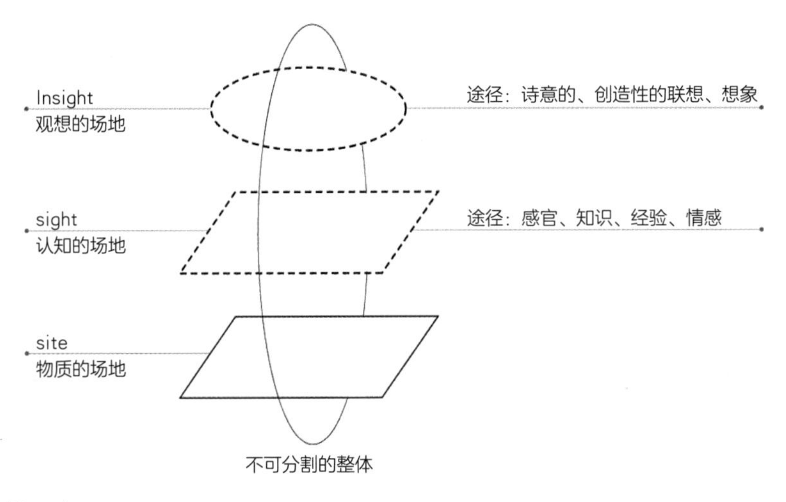


（图6-19）

色、质感、地理地貌、历史信息等的综合，是对场地本体面貌的个性化反映；最后是观想的场地，是创造性思维的产物，人结合自己的生活经验以诗意的想象将场地内化，它虽以物质的和认知的场地为基础，但却能够远远超越它们的内容。尽管在分析研究中可以将场地拆解为三重属性，但作为人存于世的整体状态表征的场地必须是这些属性的复合体，而且三者并不是可拆分的简单加和，是一个不可分割的整体的呈现。

虽然这三重属性是不可分割的整体，但设计发展的不同阶段会对不同的属性有所偏重。为便于研究，暂以对同一处场地不同属性的认识切换，来描述设计发展过程：设计者在初始状态的场地中生成了基于感官与知识的直接感知；在直接感知的基础上对整体空间进行创造性的设计构思，形成综合的预设体验；预设体验再通过设计者对直接感知的规划而与实体空间对接，形成了结果状态的场地；建成结果被观者以身体感官所感知；再经观者个人的创造性思维加工，最终也形成了对整体景观的综合体验。

在实际情况中这种相接顺序很可能出现岔乱，比如观者可能并没有机会对建成结果生成在场的直接感知而直接观赏了设计方案，预设体验便与实际体验直接相连；大部分设计者也会进入建成后的景观空间，而生成异于方案预设的实际体验，两者出现叠加。然而遵循顺次相接的研究样本所具有的代表性和典型性都是最为突出的，也是景观设计以空间组织协调人与自然关系的最完整的展现，因此本书在后续研究中仍将采用顺次相接的接连次序并适当简化，以初始场地、初始体验、预设体验、建成结果、实际体验顺次相接组合而成的理想化设计发展模型为研究的基础模型（图6-20）。

图6-19　场地的三重属性分析图

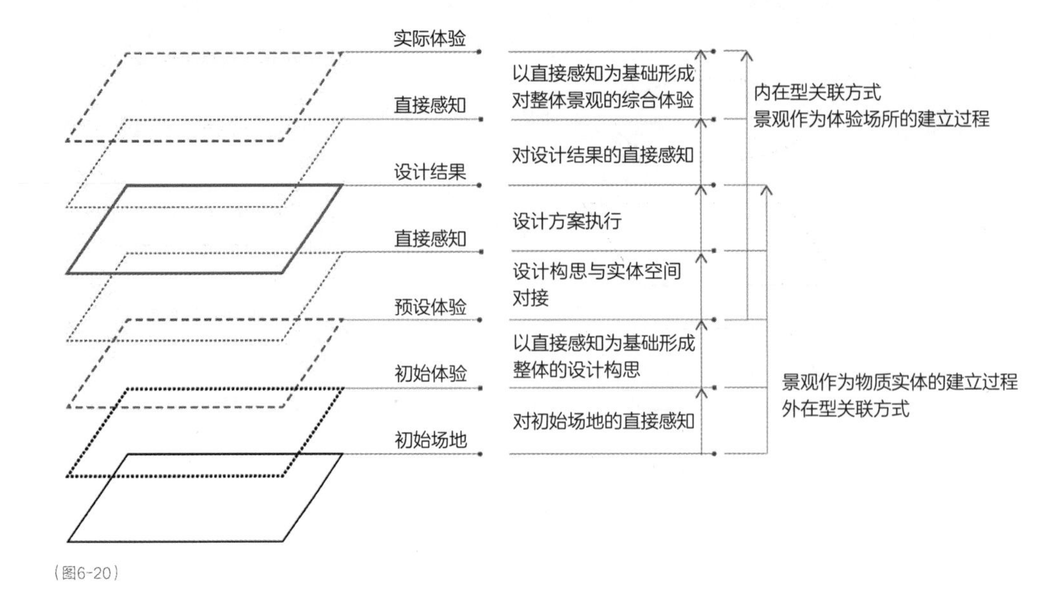

（图6-20）

（1）初始场地

初始场地是指设计介入之前的场地实体形态，由处于其范围之内的以及其他与之相关的物质与非物质元素共同组合而成。场地的信息既包括地质、气候、地形、植被等物质环境信息，也包括历史、习俗等人文信息，在设计过程中以现场照片、录像等直接记录材料以及测绘图纸、资料集合等经人为加工过的数据、文字材料进行表现。

（2）初始体验

初始体验是设计者在初始状态的场地之中所产生的直接体验，通常发生在场地勘探的过程中，是设计者以在场感知的方式对场地物质、非物质信息进行收集与整合的过程。毫无疑问，初始场地是初始体验生成的基础，但两者之间还是存在本质的区别，初始场地的状态是从一个外在者的视角出发对场地性状作出的客观描述，相反，初始体验则强调设计者以一个在场者的内在视角与场地建立关联，设计者关于场地体验的描述、分析图纸等是初始体验的表达途径。

（3）预设体验

设计者在初始体验的基础上，识别场地发展潜力，做出判断决策，形成了关于场地未来状态的设计构想，也就是整体情境场的预设。这种构想往往预设了一个理想的观者，通过对他在场地中体验的假想进行创作构思，由此生成了一种有别于初始体验的场地形态——预设体验。

预设体验的主体是一个假想的全能观者，他遵循设计者期待的方式进入景观空间，生成与设计预设相一致的理想的空间体验，亨特曾沿用伊瑟尔的“implied reader”概念将景观设计与研究中那个预设的观



图6-20　以场地属性切换描述设计发展过程的分析图

者称为“implied visitor”，罗斯（Stephanie Ross）将他称为“normally equipped visitors”，冯仕达也指出《园冶·借景篇》中存在着一个难以断定他的身份是设计师还是园主/访客的“暗含主体（implied subject）”。通常而言，预设体验的创造是以设计者自己过去积累的空间经验为基础，尽管存在预判的观游或居住群体，但所有场地体验都必须借由设计者理解并在空间中创造实现，所以在设计过程中这个主体仍然可以被认为是设计者自己。斯本认为景观空间编排过程的实质类似于诗与字句，是设计者对关于景观的经验进行组合，而不是像表象的那样以劳动搭建每一个元素；萨迪奇（Deyan Sudjic）认为设计的作用是塑造关于物品将怎样被理解的知觉方式；西蒙兹曾回忆自己在龙安寺的经历：“龙安寺那震彻灵魂的秘密不在于平面构图，而在于人在其中的体验”，他甚至认为在景观设计中，人规划的不是场地、空间或事物，人规划的是观者体验；斯维登（James van Sweden）和克里斯多夫（Tom Christopher）则将这种预想明确为景观设计必经的阶段，认为在二维平面中组织空间关系之前设计者应当先想象自己置身于结果形态的三维空间之中，以切身的体验指导设计的生成，“是土地与你希望在其上构建的体验的互动促生了花园的线条和形式”。严格来说，空间体验是无法“原真地”传递给他人的，但在设计活动中，它可通过文字叙述、概念草图、方案图纸、模型、效果图等为媒介进行交流，更重要的是，它是设计物化结果生成的主要依据。

一个可能存在的误区是将预设体验与设计者在设计过程中的心理活动过程相混同，由此将预设体验的研究归为一种个人化的传记撰写。尽管设计者在方案创作时的真实想法与思路发展过程对预设体验的研究极为重要，但二者之间还是存在性质上的区别。本书对预设体验的研究采用了类似于巴克森德尔（Michael Baxandall）在福斯桥设计研究中的基本立场：“历史的对象，可以通过把它们当作情景中问题的解决方案并重构这三者的合理关系来解释”，即视“以预设体验为表现的设计构思”为设计者在特定情境中、为解决一定问题而做出的理性决策，这是社会文化与技术条件等构成的时代背景，特定场地的物质及它所处的社会经济关系所构成的地方背景，以及设计者个人知识与经验所构成的个人背景综合作用的结果。这种研究立场已被用于本书第5章的案例分析中。

（4）建成结果

建成结果是指依一定的设计方案而施工完成的场地形态，它是初始场地发展、转变的结果，以实体的性质出现，由处于其范围之内的以及其他与之相关的物质与非物质元素共同组合而成，能够以现场照片、录像、图纸等方式记录。需要注意的是，当建成结果以图纸的方式出现时一定是场地施工完成后的测绘图纸，而非设计图纸。

（5）实际体验

观者对于设计实施后的场地实体空间产生的体验可被称为实际体验，由此出现了一种同样由人的经验而生却异于预设体验的场地形态，它是不同观者对同一场地所产生的体验的集合，可通过语言文字、分析图纸等媒介与他人进行交流。

实际体验与初始体验的区别在于体验的主体与对象，前者是观者对于按设计方案建成之后的场地空间的体验，而后者则是设计发生之前设计者对于初始状态的场地的直接体验。实际体验与预设体验虽然都是以场地的结果状态为体验对象，但二者之间仍存在显见的差别。首先是产生的途径以及对设计方案的意义，如上文所述，预设体验是一种创造性的想象，设计者在对初始场地的直接体验之上设想一个可能的改造方案并预设它所激发的空间体验，体验的想象与造型的生成是相互推动发展的；实际体验则是观者在景观实体空间之中因感官刺激而产生的身心感受，发生于设计实施之后，因此对方案没有直接的反作用力。另一个区别是体验的主体以及由主体差异导致的内容差异。所有景观设计作品都有着除设计者本人之外的观赏、居游者，当然，理论上确实存在着由设计者独自构思甚至建造而从不向他人呈现的景观，但它也因此无法被纳入任何评价、研究体系，无法被证实存在。正如贡布里希（Sir. Ernst Gombrich）所说的“beholder’s share”，作者之外的观者在体验一处景观设计作品时必然地带入了自己的知识、经验、期待以及对其他相关作品的体验，景观的语境中更增加了进入路径、天气环境等的不同，实际体验几乎是必然地会与预设的理想状态的体验有所不同。此外实际体验主体的身份也是不确定的，尽管大部分项目在设计过程中都可以对使用人群进行大致的预测，但准确预设任一个观者的景观体验并在设计时对此作出反应是不可能的，所以实际体验具有较大的不可控性。

虽然如此，但这并不意味着设计与研究应对此采用一种放任的消极态度，与预设体验的研究思路相似，实际体验并不是对观者个体心理活动的记录，而是设计者与研究者结合生理学、心理学的基本原理，在对时代背景、地方背景、目标群体背景充分调研的基础上，对实际体验作出的理性的推测，并以之为设计决策的重要依据。

2．场地留白的设计发展模型概述

以上述模型为基础，可以解析场地留白策略中以有限介入的新置实现场地整体转化的过程：设计者基于对一定空间范围内的初始场地的初始体验而生成了以它为基底的含有新置与原置锚固关系的整体设计构思；表现为预设体验的设计构思在向实体空间对接转化的时候出现了缩减，以对场地载体性质与利用途径的识别判断为基础，进行有选择的有限介入，而处在设计构思所确立的整体情境场之内却没有被设计做功改变的部分就是被留存的场地原置，二者共同组合而成了结果状态的场地；最后，观者在对建成结果的综合体验中生成了超出设计新置直接做功范围而与预设体验相近的实际体验，情境场得以传递（图6-21）。

对比于基础模型，场地留白策略下的设计发展模型中最为显见的变化便是建成结果相对于预设体验的缩减以及实际体验相对于建成结果的溢价，也就是，以有选择的有限介入，按照预设实现了整体场地的转化。

建成结果的缩减并不是单纯地将本应覆盖全部场地范围的方案进行缩小或减少，而是一种与之有着本质区别的空间重组策略，也就是如本书4.3节中所阐述的，一种从“无”入手的具有智慧性的设计思路。有限的设计置入其实是为了在人的综合体验中引发覆盖最广阔场地范围的整体情境场，被留存的场地部分因纳入了新的情境场而在性质上发生变化，实现了向此刻场地使用方式的转化。这种策略其实与中国传统艺术中黑-白二者共同引发贯通整体的虚灵之气非常相似，也正如绘画中“虚处非先从实处极力不可”，场地原置能够实现转化也是赖于新置的设计效用。

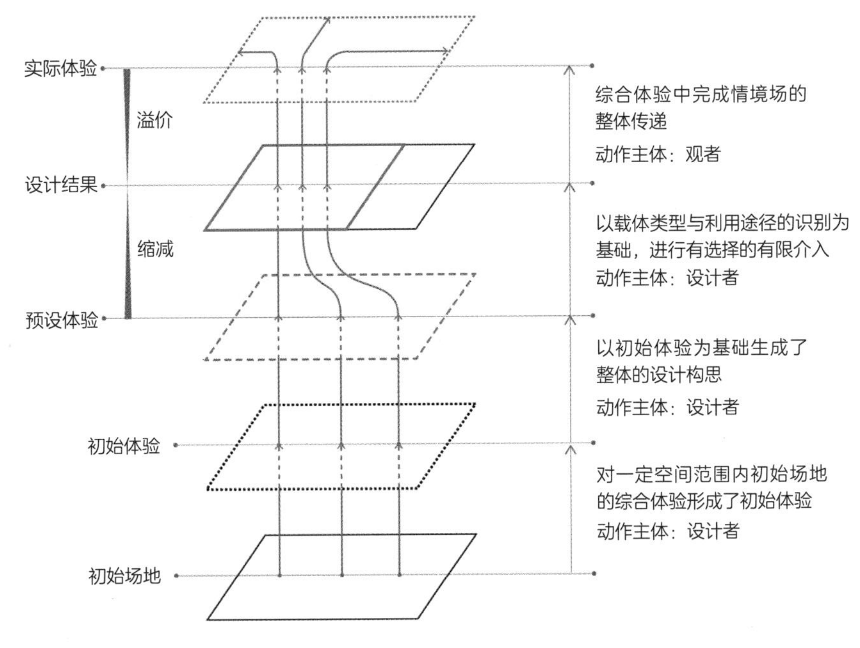


（图6-21）

### 6.3.6 两处总统纪念园纪念性构建方式的比较研究

位于美国华盛顿的罗斯福纪念园与位于英国兰尼米德的肯尼迪纪念园在很多方面都很相似：纪念的对象均是美国历史上颇具影响力的两位总统，他们分别带领美国走过了20世纪美国乃至世界历史上最为关键的几个时刻，他们自己的人生都极富传奇色彩，也都逝于任上；在设计成就上，两座纪念园也都因对传统意义上凯旋门式高耸静穆的纪念碑模式的成功出离而备受赞誉。尽管如此，二者却在纪念性的核心主题表达策略上，尤其是场地原置在这一过程中所起的作用上，有着显见的分别。

1．罗斯福纪念园设计概况

**在我看来，一座纪念碑应当引领你穿过一个连续的进程，它令你愈发感受到生命与死亡的重要性——你成为平等的众生之一。**

**——哈普林**

位于华盛顿中心区的罗斯福纪念园是对美国第32任总统罗斯福（Franklin D. Roosevelt）的纪念。罗斯福是美国历史上唯一连任4届的总统，带领美国走出了20世纪30年代的经济大萧条并赢得了第二次

图6-21　场地留白的设计发展模型

世界大战的胜利。为了纪念这位常被与林肯、杰斐逊相提并论的伟大总统，在罗斯福去世的第二年，美国国会便通过了为其修建纪念碑的提案。1959年潮汐湖西南侧的一处面积约3hm$^2$的地块被选定为基址，但设计竞赛的过程却十分曲折，直至1974年哈普林事务所被委任进行设计并于次年签订了合约，又经历了漫长的20年争论后纪念园终于在1994年动工、1997年开放（图6-22、图6-23）。

在哈普林的构想中，罗斯福纪念园“基本的谱系（basic score）”有4个分支方向：首先，因为场地是在华盛顿中心区之内，所以将纪念园融入整个纪念建筑群的几何关系网是十分必要的，从哈普林手绘的区

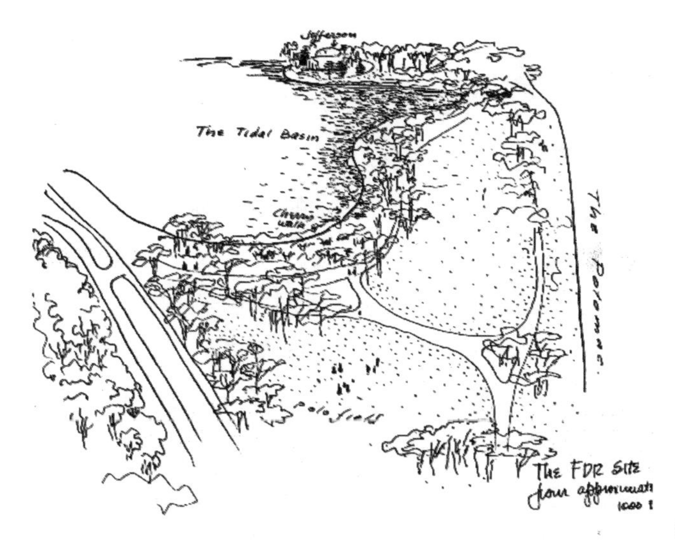

（图6-22）

（图6-23）

位图中可以看出纪念园正交网格的方向几乎是由这个网络所确定的；第二，设计须考虑场地上存留的特质；第三，要将罗斯福的形象塑造为既是一个有血有肉的普通人又是一位伟大的美国总统；而最后，是如何将这些理念合并且转化为具体的形式在景观中表达。

在设计工作开始之前，哈普林就在思考属于那个时代的纪念碑应该是怎样的。他发现一座纪念碑通常具有如下特质：它是有象征性的，它必须含有一定量的有意义的空间体验，它也必须让人们经历一个时间的过程。如哈普林设计中一贯的“编舞（choreography）”理念，在一系列不同尺度、不同开放度、不同形式的开放空间中创造了与构筑物互动的多种活动的可能性。

方案完全展现了哈普林关于纪念碑是“一个连续的进程”的构想，全园沿时间线索逐篇展开，以4个相对独立的空间展现了罗斯福执政的4个主要时期以及他所倡导的四大自由（图6-24）。第一阶段描述的是罗斯福第一次就任总统时的境况，1933年3月4日的就职演说

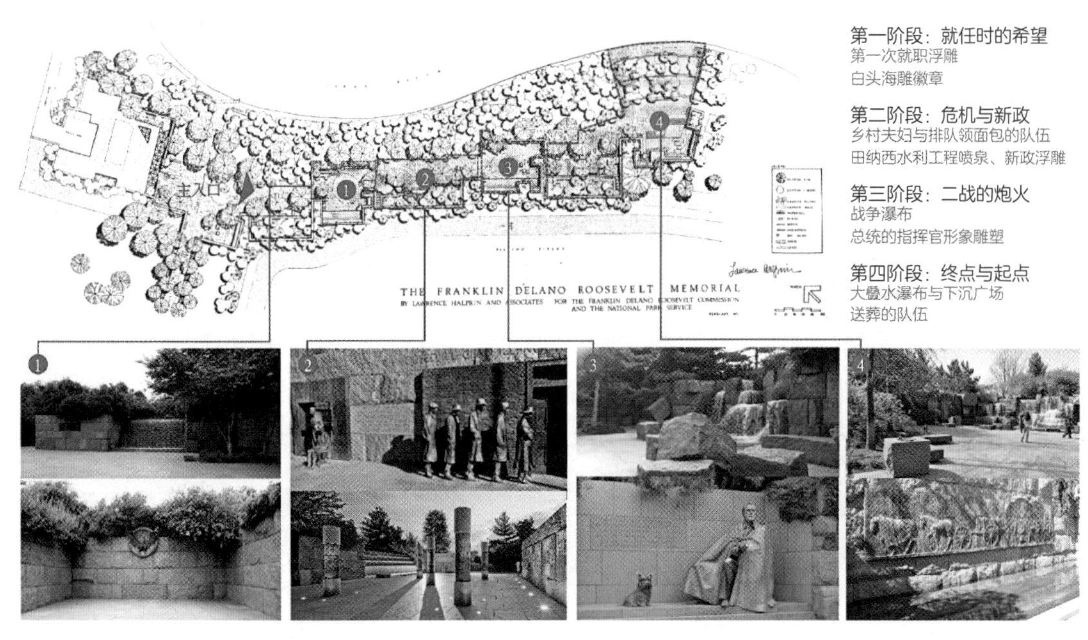


（图6-24）

图6-22 哈普林绘制的场地鸟瞰图
（图片来源：Chang，1984：63）
图6-23 相似角度的航拍照片
（图片来源：网络）
图6-24 平面设计图与分区
（图片来源：底图源自Chang，1984：76，作者改绘，照片来自网络）

正式拉开了罗斯福新政的帷幕，在《紧急银行法》《节约法案》等一系列法案和新政推行后，罗斯福迅速得到了人民的赞颂与支持，整个国家都充满了巨大的活力和希望；第二阶段以雕塑的方式再现了20世纪30年代经济危机下美国人民穷困的生活状况，这一阶段也是罗斯福新政持续推行的时期，装饰有浅浮雕的立柱与墙面讲述了一系列社会改革的场景，而壮观的规则式叠水瀑布代表的是田纳西河谷水利工程，它是总统任内一项重要的政绩；第三阶段进入了第二次世界大战，崩落的巨石象征战争带来的巨大破坏，急速澎湃的奔流反映了当时无比紧张的世界环境，1997年由克林顿总统签署法令在此安置了一座轮椅上的罗斯福的雕像来纪念这位轮椅上的巨人；第四阶段的开端是罗斯福的突然离世，浮雕与净水池描绘了送葬的队伍，在全园结束的时候是一个最为开敞、欢乐的下沉广场，时常举办集会、演出、纪念等活动，象征着欣欣向荣的未来的美国。

在序列如此强烈的景观中保持游人的行进是非常重要的，张（Ching-Yu Chang）认为哈普林有意使用了一些技巧，比如将下一阶段的雕塑摆放在上一阶段可见的位置而吸引游人走近，或者在墙的另一侧栽植花卉以气味吸引人们。沃克等则指出除了行进的目的，这些空间也适于沉思、逗留、原路返回等，并且对自然的或突发的情绪都做出了回应。

2．肯尼迪纪念园设计概况

**是景观，而不是其中的一块石碑，将成为真正的纪念碑。**

——杰里科

位于英国兰尼米德的肯尼迪纪念园所纪念的对象是美国第35任总统肯尼迪（John Fitzgerald Kennedy）。肯尼迪的死无疑极大地震惊了整个世界，英国政府很快指定了一个委员会负责他的纪念碑的筹建。组委会认为最好的纪念是对思想的而非眼睛的，于是用大部分筹募的资金设立了一个美国旅行的奖学金，而仅将3%作为物化纪念碑的建造预算。最终，英国决定赠予美国“一英亩土地（an Acre of Land）”，位于与兰尼米德老城区隔泰晤士河相望的一座山坡上，1215年在这片河岸上签署了改变英国历史的《自由大宪章》（*Magna Carta*）（图6-25、图6-26）。

（图6-25）

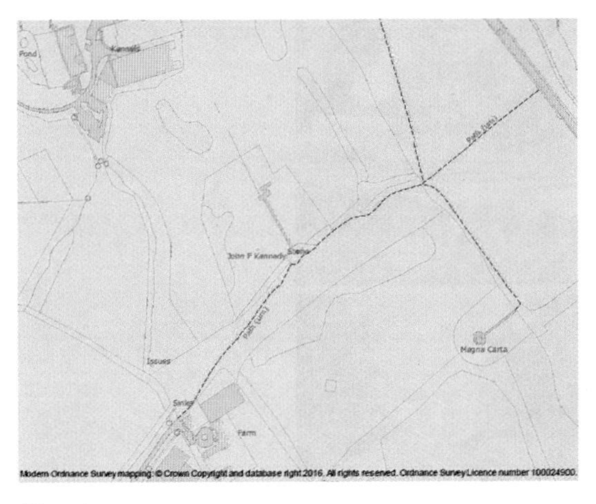


（图6-26）

肯尼迪纪念园位于英国兰尼米德市一处面向东北的坡地上，穿过木栅栏围起的小门，游人将沿一条蜿蜒的碎石小路上行进入一片原生树丛，超过55000块由匠人手工制成的不规则形状的碎石块象征着那些在肯尼迪的带领下争取自由的人民，而丛林则令人想起但丁笔下的黑暗森林；小路的尽端树丛渐稀，显露出一个灵柩台般重达7吨的白色石碑，纪念文字刻满了石碑的正面，就像是石头自己在进行表达，石碑由一块黑色粗糙的石头垫起，象征着无数支持肯尼迪的民众，尽管最终的效果并不太理想，但设计者本意是想制造石碑漂浮在地表的幻象；石碑两侧的荆棘与美国橡树则分别象征了肯尼迪天主教徒以及守护者的身份；转身前行，开阔的草地上一条笔直的石板路将游人引向了代表肯尼迪夫妇的两处休息平台，这里是远眺大宪章纪念亭、泰晤士河以及兰尼米德老城区的极佳观景点，整个序列也就此落幕（图6-27）。

图6-25　表现肯尼迪纪念园区位关系的航拍照片
（图片来源：谷歌地球）
图6-26　肯尼迪纪念园及周边测绘图纸
（图片来源：HistoricEngland.org.uk）

（图6-27）

3．纪念性建构中的场地原置作用的比较

尽管罗斯福纪念园的正交网络基于华盛顿中心区几何轴线体系且在整体上也形成了较为理想的视线关系，但事实上纪念园与它所在的整个场地的关系是相对割裂的，它所追求的是一个封闭自足的空间，哈普林绘制的大批剖面设计图都反映出了这一意图。纪念园狭长的空间几乎是由南北两侧高大的石墙所限定出来的，这些石墙的高度几乎都在3m以上，对游人的视线形成了完全的遮挡，再加上此起彼伏的水声，游人几乎无法注意到任何园外的事物。在剖面图（图6-28）中可以清晰地看出这种贯穿全园的凹形空间是哈普林刻意营造的，这样做的目的一是使纪念园与周边喧闹的马球场、樱花道、自行车道等隔离开来，正如图6-28中所标注的，使“神圣空间（sacred space）”与“世俗空间（secular space）”相分离；同时，凹形的空间还有助于形成宁静的氛围，埃达拉（Thomas Aidala）也指出了纪念园中与传统纪念性景观相似的安宁、围合的空间特征。

如前文所述，园中对罗斯福总统纪念的表现，是通过时间线索串联展示他执政的典型时期与四大自由理想，每一个区域内都有具象的雕塑、文字或是指向性明确的水景、石块等构筑物，可以说设计的主旨是在被创造的景观中自足、明确而完整地表达的。虽然这些构筑物的设置充分考虑了人的感官体验以及人在场地中可能的活动方式，但这些感受和活动都是被编排好的，以被期望的方式出现而印证设计的意图，并没有在实质上参与到这座纪念碑纪念性的构筑中来。总的来说，罗斯福纪念园是一处几乎完全自足的设计。

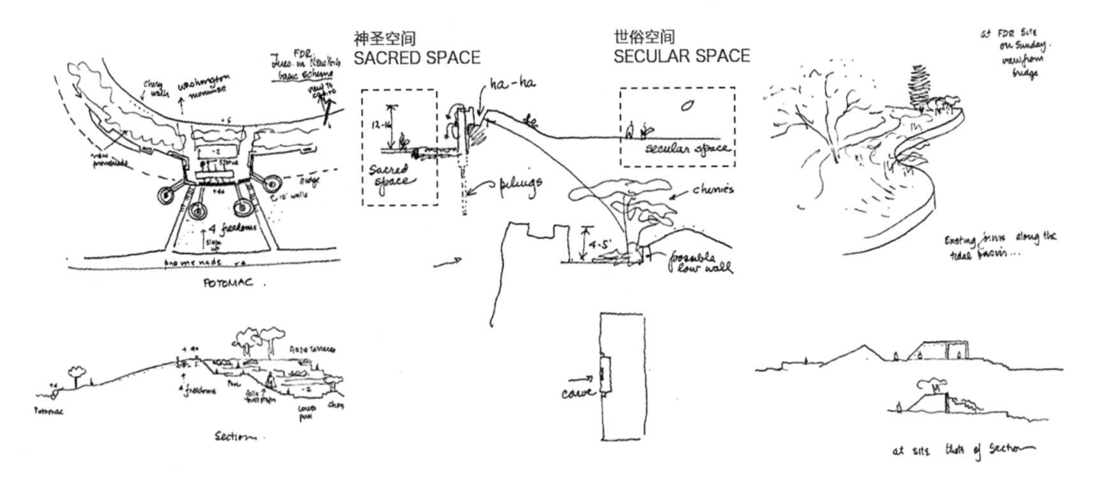


（图6-28）

这与杰里科仅以石路、石碑、座椅将整个自然场地“纪念碑化”的设计策略有着迥然的差别。肯尼迪纪念园中，场地在纪念性构建中的重要性可以在杰里科制定的两条重要设计原则中充分显现：首先，只有纪念园所在地整体的风景而非其他任何东西被视作真正的纪念碑，因此设计是为了提供人与场地接触的界面并凸显场地本身的特性——植被围合的从幽闭到开敞的空间序列、直线路径面向泰晤士河的展开方向、远眺兰尼米德的座椅设置等都是典型；另外杰里科认为纪念园象征了英国与美国之间的和谐与友谊，所以在纪念园中不应出现任何明显的阻隔，必要的栅栏被设计得尽可能隐匿，还采用了哈哈墙的方式，以最大限度地使纪念园自然地融入这片土地。

对比于罗斯福纪念园（华盛顿），肯尼迪纪念园在对史实的叙述上显然是更为含蓄的。园中除了一座简洁的石碑外没有给予观者任何关于肯尼迪直接的图像或文字信息，只有两条路、一个小广场和两个条石座椅（图6-29）。事实上这正是他所刻意避免的，在介绍肯尼迪纪念园之前杰里科阐述了他标志性的“去智”设计理念，深受荣格潜意识理论及日本禅宗庭院的影响，他相信即使设计没有明确告诉观者具体的内容是什么，他们的潜意识仍然会感知到某种强大力量的存在。

图6-27 肯尼迪纪念园模型、实拍照片
（图片来源：Jellicoe G.，1970）
图6-28 哈普林部分设计手稿
（图片来源：Chang．1984：65，73）

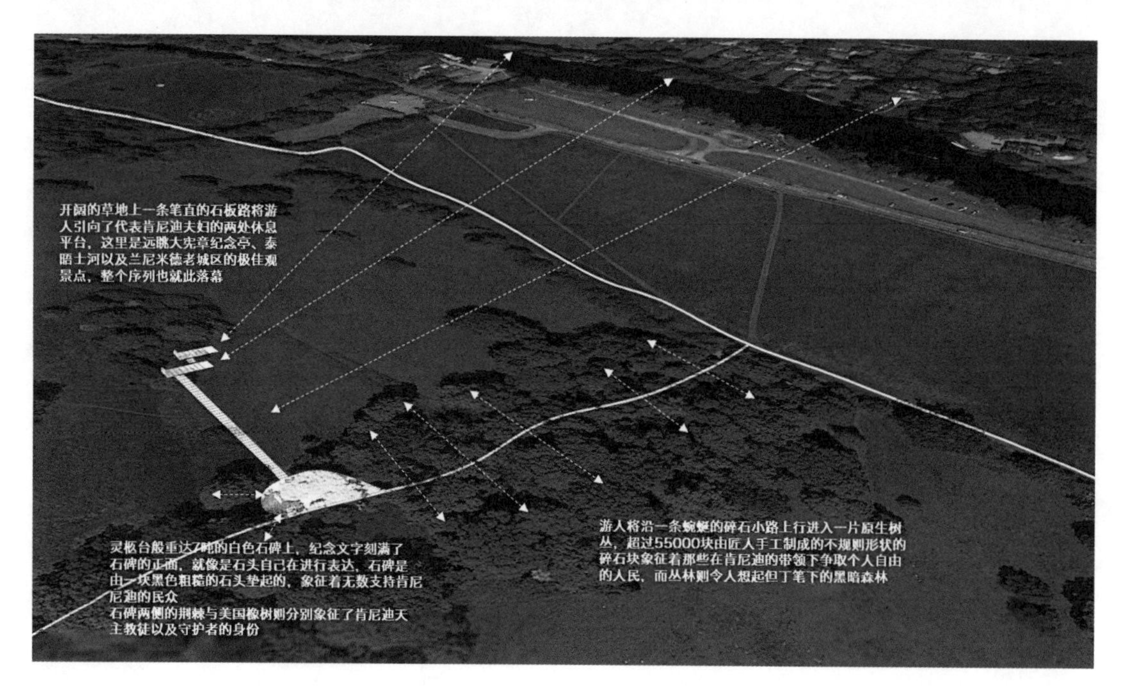


（图6-29）

肯尼迪纪念园将整个场地纪念碑化的设计策略其实正是通过建立情境场而实现的，园中每一个看似简单的新置元素都在以极大的努力将“单纯”的草地和树丛转化为富有涵义的情境，激发观者的联想从而传达出远超其本体性状特征的意义，由此在更深的层面上传达出纪念的主题。

## 6.4 小结

本章是场地留白设计策略应用研究的第二部分，关于其施行途径的研究。内容大致可分为两大板块：“锚固”是关于设计新置与场地原置关系的整体构思，主要是确立一种设计介入的方式，使作为过去改造活动载体的场地能够在留存其特质的前提下，参与到人对场地现在的使用方式中，通过这种关联性使新的设计锚固在特定的场地上，锚固在此刻的时间点，在场式的感知和设计师的直觉对锚固的发生有着重要的影响；“识径”与“场化”则进入实体层面，分别从原置与新置的视角出发，探讨不同性质的环境中场地作为“居”之载体所呈现出的不同特质与相应的利用途径，以及设计新置如何通过建立情境场，使有限的介入能够实现整体场地的转化。

从认识发展的逻辑来讲，这三者是按时间顺序进行的：先有了概念层面的整体构思，再进入实体层面识别原置的价值，最后以新置的介入实现整体的转化（图6-30）。但许多研究及设计师的陈述中都揭示出设计思维的发展并不是按逻辑顺序线性前进的，它通常以螺旋上升的模式向前发展，那么在实际的设计过程中，锚固、识径、场化也极有可能发生穿插、跳跃、往复等关系，在此特别进行说明。

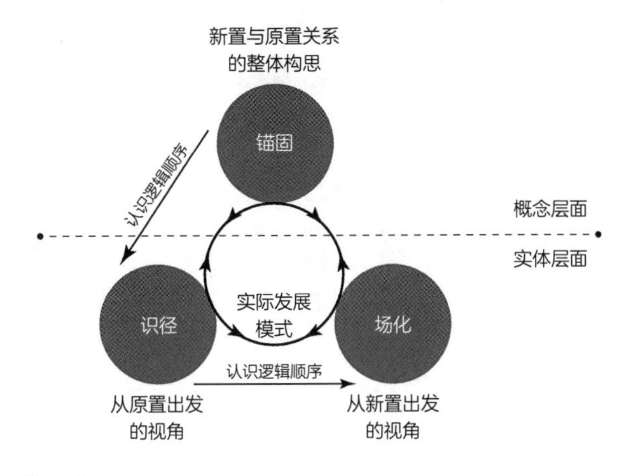


（图6-30）

图6-29　肯尼迪纪念园纪念碑化场地的分析图
（图片来源：底图源自谷歌地球，作者改绘）
图6-30　三种施行途径的关系分析图

# 第7章

# 结语

VII

“白”是中国传统哲学、艺术中一个十分核心又无比庞杂的概念。受专业所限，本书是从应用视角切入对“白”的概念及留白而做的研究，其中涉及哲学、艺术理论等的内容难免有遗漏或偏颇之处，因此大多基础概念的研究还有待进一步夯实。

为突出当代环境意识下场地的特殊性，本书提出了场地留白的概念以示与艺术创作中纸面留白的区分，并将当代实践中这一类型排除出了研究范畴。但事实上，两者之间存在着非常多的相通之处，尤其在涉及形式问题时。众所周知，传统艺术中绘画、书法、文学、园林等各门类是融贯一体的，这种密切的关联关系是否延续到了当代？中国当代艺术中对于留白的继承与发展会否以及如何影响了当代景观设计？这也是今后一个可能的研究方向。

另外，对场地留白的研究重在其概念体系架构与关系的厘清，很多匆匆带过的内容还可以进一步展开，比如场地原置留存与转化过程中度的把控问题，留存到什么程度是最适宜的？转化到什么程度是最适宜的？在不同的社会环境下、不同的场地类型中，必然会有不同的答案。场地留白还是一种对观者补白依赖性很大的设计策略，场地的精神性内涵最终须在观者/使用者的实际体验中获得意义。此次研究主要是从设计视角出发的研究，成果是为设计活动而服务的，所以文中观者对于建成结果的实际体验在本质上也是预设的。那么，另一种可能的研究思路是对观者真实的空间体验进行调研，若能将两种思路的成果对比，或许能够加深对论题的认识，但由于篇幅与时间的限制，本书并未着墨于此。

# 附录A　关于辰山矿坑设计过程的访谈文字稿

*受访者：辰山植物园矿坑花园主设计师朱育帆教授*

*采访时间：2016年3月16日*

*采访地点：景观系办公室*

比如说一个设计者，我可能是蛮典型的，就是不做的特别多，尤其是前10年（2002~2012年），因为那个时候正是我自己的世界在持续地完整化的过程。因为你没有太多的所谓的经验，客观上讲你就只是个大学老师，在工程上是没有经验，在设计上的经验也是不落地的经验，相当于就是没有经验。实际上你到每一个地方，都是陌生的，非常陌生，几乎所有对象都是这样，因为我完全不是“手法主义流”。“手法主义流”就是你已经知道所有路数的基本路数了，路数里面的路数都很清楚，然后你呢，只是把这个路数套进那个空间里，而且成功率很高——这是我们称之为“职业”的那些东西。但是我在那个阶段，对这些东西是完全不知道的，就是我完全不对应结果，而且至少在当时那个心情里面，我也不认为其他案例可以给我什么借鉴，因为那都不是我希望看到的一些东西，所以就相当于是一个空白纸。其实某种程度上讲，这也是我在那个时期里学习设计的一种方式，实际上是不要探求太清楚，就是你对周围环境不要探求太清楚，因为太清楚之后会给你一种障碍，而这种障碍恰恰是限制你创造力的障碍。准确来说，我们就是靠在设计中的“直觉”前行。至少我觉得辰山、青海都属于这种类型，都是属于“场地直觉型”的设计；但有些东西就不符合“场地直觉型”，比如CBD，就是一个零起步的设计，当然你现在回过头来看那个设计，其实还是可以理解为“场地直觉型”的，但当时的认知不支持这样一个结论，所以它没有按那个套路走。但是青海、辰山，包括后来的和硕，都是一样的，都可以认为是“场地直觉型”的。

所以当你进入辰山这样一个场地的时候，我记得当时就是胡院长吧，（他）那时候是总工，给我打了一个电话，他说这项目你肯定觉得好玩。因为在其他人眼里我比较“咯”，不太正常，所以他说你来看，肯定有趣。辰山这事儿，其实我也挺糊里糊涂的，因为当时国际竞标做竞赛的时候曾经希望我参与，但后来我放弃了，最后没有做，只是看了一眼这事儿就过去了，因为当时我整个人的状态、整个队伍的状态，不允许我做这样的竞赛。但是后来说，你来看看这事儿挺好玩的，让我过去。

我一看，当时那一天是个雾天，我记得是陈经理带着我们上上下下走了一圈，然后说你还是需要踏勘吧，具体的时间我记不太清楚了，差不多10年了，项目是2007年开始做的。我记得很清楚的是，我当时说一定要去现场，当时我的精力、家庭等条件都还允许我作为一个场地设计者的存在，所以我是一定要指向场地，是“场地体验型”的。

我进入这个场地的时候，就有一种没有力量的感觉，这个场地力量太大了，以至于你感觉自己没有力量，后工业本身是属于人战胜自然的一种结果，对自然不叫破坏吧，但也是一种所谓的“征服”的一个象征，又称之为“犯罪现场”，它其实是告诉你人的力量已经可以和自然的力量进行匹敌，甚至可以对自然压迫了。当时我留在那个场地里面，确实是觉得不知道自己应该做些什么，就是很无助。后来我也说过，当你面临一个超过了常规园林尺度的东西，但又不像自然风景区，如果要建一个庙，也是非自然尺度的，但是不尝试去动这个东西，我就建个庙，依山就势，动作很小。但是后来你会发现，这个伤疤面积太大了，完全超出你的经验里面设计控制的范畴，人类也有特别傻地去试图控制这么大场地的时候，但成功的很少，比如它是特别功利性、功能性的，比如大坝，但是成功的很少。所以这个场地真的很陌生。当然你可以说觉得这个场地“邪性”，因为场地凶相很大，主面南面采石遗留物的美学价值几乎看不到，就是纯粹一块伤疤。然后这还是主视点，因为在平地区往上望的时候，几乎没有什么可以“巧于因借，精在体宜”里所说的可以因借的东西，因为你要“借”的不可回避的东西是一个很差的事情，超过了你的审美范畴，你不能接受它作为你的审美对象。因为很多情况下人类把一件东西抛弃就是因为它不在人们的审美范畴之内，认为它没有价值，而且觉得需要回避，因为它让我不愉快，所以我宁可不去看它，或者我采用“装”的态度——这是主流观点，或者说你得收拾收拾，至少做个美容吧。但是面对这么大的一个伤疤，我感觉自己是没有技术去挑战这个尺度的，所以当时在平台区就是很无助。

然后到了深坑区，尤其水潭区南界面，那个山完全是在我审美认知范围里面的，可能很多人看不出来，它是典型的斧劈皴，石灰岩剥落后形成的有点像黄石，但是它是大侧斧劈皴，非常的有力量，而且因为它边界有些褶皱，所以旷、奥一定得同时出现。主立面没有旷奥，它就是一个大的剥的面儿，所以就没有方法去施展所谓阴阳的控制术。但是南侧不是，南侧是非常非常不错的，而且植被，虽然也就是那些构树、榆树，但让你感觉是一个非常天然的植被。场地中透着自然气息的水——当然有水就是灵嘛，而且跨尺度，下去以后20多m，20多m这个空间里可以产生眩晕感，人们应该能够体会出来，就是当这个东西下到那么一个高度，你往下看的时候是有很重的下坠感的。这个下坠感就是让你跨越“garden”认知的一种力量，它是让你产生所谓“崇敬力量”的尺度，而且往下坠会是更明显的崇敬尺度，我们称之为“崇高美”也行——它隐含在里面，还没有被激活。往上看呢，你也觉得很高，但不在我们常规对美的认知里面，只是挺吓唬你的，这么大面儿，就是这样。但是当人在里面的时候，我画了好多草图，当时在那里面就我一个人，就是觉得你真的很渺小、真的很渺小。因为它在一个旷地上，所以你不觉得这个山很高；但当你贴近这个山的时候，就觉得这山怎么那么大个儿——就那种复杂性。当时我在场地呆了至少有完整的两天，就是画、转，天气也不好，很热，但是对于“场地体验型”来说的话，这都是你获得感知的一种途径，就在那里面不停地转。其实当时找我来，很明显是因为不知道这个坑该怎么办，这个坑体实在没有可达性，没有丝毫的可达性，充满了危险。所以它的边界被框了起来说禁止跨越，因为跳下去的话基本上就没有什么活路了，也没法捞你，只有一个卷扬机坡道。

但是这样的场地，往往会觉得力量很大，就是那种力量。如果你把这种力量做没了，做成我们称之为“秀美（beautiful）”，而不是“sublime”，我觉得这就太可惜了。当然我当时没有这个认知，我现在是有理论认知了，因为我教了很多课又读了很多书，我知道这个背后它有些区别。当时只是甲方给了我一个指向性的明示，说我们特别喜欢加拿大的布查特花园。那时是2006~2007年，在做CBD的那一阵儿，最不喜欢的就是这样一种类型的园林，因为我觉得它没有任何的力量，而且没有什么新意，当时还是想做一些跟传统差别很大的东西，就是你觉得这个时代应该有自己的东西。但是布查特就是这个问题，其实它是做废弃地改造的一个优秀案例，是尝试在它那样的一个空间里面安插了一个我们传统中能够接受的一种形式，比如我做一个花园，有地形，然后通过这种方式尝试把伤疤，不叫屏蔽，可以说位移开来。让你走完之后发现，啊！这个园林原来是一个废弃地改造的！通过这种反差获得崇敬、敬佩。但这不是我设计上想做的事情，其实一开始我就把布查特这种流派给排除了，就是我肯定不做这样一个花园。所以为什么他们管它叫矿坑花园，其实本质上我并不认为它是一个花园，它既然这么叫了那就这么叫了，我觉得它本质上，后工业遗产里面的那种力量——当然我们现在可以叫“崇高美”——那种力量是它最本质的事情，必须把这个力量给它散发出来，而不是试图把这个力量消解掉。所以我觉得这是基于场地本质的一个认识。所以当时就直觉地感觉这地儿不一样，我也不希望跟一般花园做的一样。

然后就是你看到这个场地你就会觉得很无助，无助了就会发现，我不可能像建一个高尔夫球场，人类在高差0～15m以内是可以自由地去控制形体的，土方堆叠，你可以随便地去塑造一个东西，挖湖堆山，随便来做。因为在这样一个场地，你不具备这个能力了。为什么不具备这个能力？因为你没有可能去付出这个代价，因为代价太大了。对于几千平方米的岩体，一是你怎么操作？二是翻转过来以后能不能做到美化？你能不能把这个山整个再炸大一点？都是你的巨大的限制。其实这种题最后一定是一个限制性的题目，它不是让你肆意妄为的一个题，本身场地就会告诉你：不能肆意妄为。就像如果山区建一个房子，最后肯定受经济性原则的限制，因为不好做，它肯定会采用好做的方式。所以这个题逼着你，就叫“潜质论”。所以只能说看能不能“借”，所谓借，实际上就是使巧劲儿，也就是人类智慧。但是无论偷懒、使巧劲儿，还是人类智慧，最后目标指向是一样的，就是在有限的条件下，把本身的无限性激发出来。

下面说一说“做”。因为对于那个坑体我们都不知道怎么做，因为有限定性，第一你不可能去炸了它，然后你只能去做一些“小动作”，所谓的最小干预有一点“被迫的”的性质，就是你没有方法来制造一种巨大的事件，你只能动软的，后来我们就动软的了，我们对湖南面的山形做了调整。

所以当你对待这样的东西的时候，就只能使巧劲儿。当然我们最常规来说，自然风景区里面，就是栈道，但当时呢，我也不可能下去，没有人带着下去我也下不去，但至少扔过石头，扔也得隔个几秒钟才下去，很飘那种。当时的一个直觉就是说，没有什么可迟疑的，就是要下去。你不下去怎么知道原因呢？当然后来场地里面，那丛榆树是一个暗示。因为我们脑子里的模板没有太多，陶渊明的模板——我指的理想世界的模板，对受过中国教育接触过文化的人来说，它其实是一个情结，文人式的情结。可能通篇文章你已经忘了，但是“豁然开朗”你会记住。这个“豁然开朗”其实就是节奏上的，突然之间让你不一样了，但过程是渐渐的催眠式的：一开始你走的时候有溪水，后来发现渐渐进入桃林了，突然之间就越来越黑、越来越黑——这个过程其实不是突变，是渐变。直到压抑到最后一刻，它是个节奏，然后就是另外一个，实际上也是世俗的世界。我觉得大部分中国人脑子里面都会有这么一个模式，你受过这种魏晋美学的熏陶，就会有这种感觉。所以当时我是觉得那个树里面就是个机会，但前提条件是我得让人去后面，去后面得先下去才行啊，所以这也是必须得让人下去的原因。

下去的路线，一是（要）最安全、距离最便捷。因为第一是安全，这也是后来越来越明显的，但当时没有，当时就是觉得危险是一件很高兴的事情，让你害怕是一件很高兴的事情。就像你去华山，就是让你害怕，腿软了都行，你就会觉得特过瘾，欢乐谷就属于集体式的坠落还都挺高兴。但这个场地是这样，当时我确实设想的是华山那种路子，索道在里面，大家颤颤悠悠的就下去了。后来就是一系列的技术问题，但基本思路是这样的。其他的可选择的路线还是比较少的，因为我尝试绕过，但是你可以看到整个场地里沿边只有那一丛树，因为还没被淹死，水再高点儿就被淹死了。所以对边界来说，那是一个重要的暗示，无论它生长在哪儿。当然最后运气比较好的是，它正好生长在东边，因为东边就意味着可以跟东矿坑产生关系，要是西边就很麻烦，工程量会比较大，它正好是在东南角那个位置。如果你要是下去，采用什么样的方式下去就变得很重要了。所以最后为什么会选择鼻梁那个地方，原因有二：一个是从鼻梁南侧下去，一个是从鼻梁北侧下去——现在是从鼻梁北侧下去的。鼻梁南侧下去会比较无趣，没有任何节奏，下去就直接去那个地方然后就走了，就没有过程。如果从北边下去，因为通道是藏起来的，在北面、阴面。

所以我当时在场地里面想，已经想清楚了，第一就是我看到那丛树，我觉得后面应该有个洞，就是这个桃花源的模板，如果是西方人可能就不会这么想，也许是一样的结果，但他不是按这个模式想出来的，但我是中国人，这个是中国模式，所以这套开发的逻辑是非常中国的。我想要有一个洞，所以一定得让人下去，所以终点，也就是这个消失点是确定的，只不过怎么让人过去？所以最后唯二的选择就是鼻梁南边还是鼻梁北边？因为整个来说，北边太高了，人根本就无处下脚，南面又在游线外面已经出了核心区，而且游线长度也不够，下也不好下——所以它肯定是侧下，你是没有什么太多选择的，这一条是最理智的路线。而且我觉得这是所有风景区里面，一定会是这个结果，比如你让工人去探一条路，他一定会探一条最合理的路，一是最省事儿，那些特别险的路，比如华山的路，是在没有其他办法的情况下才那么做的，我指的那么危险，已经是那个区域里面相对最安全的路，一定是这样。所以当时就选择了这么样一条路线下去，但是下去的过程怎么走，试验了两年，但基本线是这样的，就是从那个地方下去。后来也是整个都比较顺，就按照那个路线往下做了。

所以当时在场地里面，我基本上是用了两天到三天的时间，确定了这条线。对于整个场地来说，设计技术难度最小的是这条线。这个其实是像你不能做什么事情的时候，找到了场地中一个严重的暗示，你读到了它，所以这条线自己就出来了。这是因借里面最容易的事情，但最难的是你找到那个点，如果你找到了就会变得很容易。另一种是“无中生有”，就是完全创造性的，那个可能还不太一样，苦恼就是什么都可以做，我做什么呢？这个问题是不一样的。

在这个场地里，我觉得它其实不叫“留白”，是“不得不留白”，你不能不用留白的方式来处理它，因为你不可能往满处做。当然这是事情会反过来对你产生影响。

剩下的就是三大块了。一是特别难看的南立面的问题，这个尺度我们可以做一个真的假山，（就像）欢乐谷，这种尺度是能做的，就是做成假的，是在人类可以操控的能力范畴内。但是我的价值观决定我不能做这种选择。然后第二个，就是台地区，军队人防系统上，那块其实资源很好，因为长了很多年了，有一些很不错的树。这个部分我们后来花了很多时间来做设计，设计者的力量介入的有点儿大。然后最难处理的其实是平地区，原因其实也很简单，就是你做什么呢？而且它尺度很大。所以这一部分可能花了一年才找到路线，其实一直是在做平地区，我指的设计上最难的。前面几个其实方向定得快，然后就是方案推敲了。还有一个就是场地里面，南立面很丑，很难纳入人的山水审美。比如很多古代采石，采完后确实还继续符合着山水审美。但这个矿坑不符合山水审美。当时还是做了一部分工作，在那一部分里面虽然说基本上是平的一个面，但还是发现了2～3条褶皱，这2～3条褶皱当时是裸着的，反复地换几个角度去看，有没有引水的可能。因为它如果太垂直的话，就不现实，水就会随便流。这个项目做完之后大概是到2010年才最终决定这条线，是让工人在上面拿水管子浇水，观察从哪边流合适，找出一条路线，最后汇到山下的水库里。你还得做引导，把水引导到那个池子里最后再叠下来。虽然从绝对的审美标准来说，它是不够的，有点勉强。但是它的好处后来也是特别明显的，因为它自动修复的力量实在是太大了，而且是有机的修复。因为那个面很难看，当时我是觉得它真的很难看，很难接受。（郑老师：那您当时有想过其他的措施吗，垂直复绿之类的？）想过，他们要求我垂直复绿，我当时特别抵抗，应该是极其抵抗，当时上海的领导也特别关心和重视，领导去场地看，说你这个太难看了，怎么样复绿啊？然后他们一着急就旁边搭一个特别大的架子，就复绿，然后他们自己也实在接受不了，搭得实在太难看，而且造价上就根本下不来。我是特别的反对复绿，这跟喷浆没什么区别，所以我就说，算了吧，我就试试吧。

水下来以后，确实第二年就开始不一样了，就自动就复绿了，特别明显。而且最后有没有那个瀑布都无所谓，就因为它绿了，它会有一些褶皱，就会有一些生气在里面。（郑老师：那您说比如这样的一个面，假设不做成一个瀑布，做成垂直灌溉的系统，让它不停地往下流水，它能自动恢复吗？）可以。但是代价会很大，但我自己觉得，自然界中总会有一些所谓的“疤”，这些疤是气象，比如雷电、火灾会引起的，采石矿坑留下的面是一个自然过程，其本身具有价值。你不需要把这些疤都治好，是治不好的，会出现其他疤——所以其实是一个认识的问题，比如生态学家觉得沙漠不是沙漠，它是一个宝贝，必须要以沙漠的形式存在。所以像这样一个东西，我是觉得没有必要把伤疤体都盖上，它会有自然的一个过程，风化的过程。

我当时觉得南立面是比较棘手的，但不像平地区那么棘手，因为至少还有一个山体，可以看。后来为什么做那个湖体呢，是因为有了这个湖体大家已经不是很关心那个南立面了。类似障眼法，转移了注意力。

（从控制的角度来说，这个设计是怎么实现控制的？）做设计肯定要控制，设计就是控制，总的来说还是要有一定的目的性的。（是秩序吗？）我指的目的是总的来说，你可能强度不一样，但你做这件事情的目的是让人去介入这个场地，我指的目的性，至少对于设计者来说，它不仅是说我本着自然崇高的目的，它还是要把人以多少的量介入场地中，尤其是当量很大的时候。我们预设的人流是有高峰的，所以必须要有游线组织，并且必须要控制场地，这是必须的，也是设计者出现的一个目的，就是让你组织好这件事情。

（您当时在场地就基本确定了方案，后来又有什么大的调整吗？）很少。我做设计一般是这样，至少在2012年以前是这样，2012年以后因为情况太复杂了。因为之前，我指“指向型的设计”，这个人就是甲方喜欢，有点儿像买你一个作品。所以呢就是说这个时期，设计方向是很肯定的，非常肯定。这个路线呢，从方案的角度来说非常的成熟，剩下的是自己“折腾”，像栈桥可能就有小十版吧。总的来说我觉得这个甲方还是非常好非常好的，让我有很大的发挥的余地，他的干预是很小很小的，所以我是少了一套干预而被给予了一套自由权。当然他有一定的界定，比如经济上还是要有一个考虑的，当然甲方最在乎的事情实际上是安全，这个安全也超出了我们的在乎。为什么后来会反复修改，就是说发现安全是首要的，其他都不重要，在这个执行层面，方面都需要给安全让位，难看点儿就难看点儿了。所以后来系统里加了很多东西都不是我们加的，是甲方加的，比如快到端头那个语言，肯定不是这一套的语言，当然他们就是一赶工直接就做了，做了也就做了，但是要是按一套设计的话，它还是要设计一下的，得跟我们整体风格是协调的。

（您刚刚说大的构型是确定的，那具体的形式语言呢？更多的是自己的偏好，还是同样是场地所决定的？）场地，这是我的观点，其实某种程度上来说，就是“场地语言+设计者语言+需求语言”，然后场地语言最不重要——我指的是引号，就是场地语言“最不重要”，因为除非涉及巨大的经济问题，它才会重要，一般情况下场地是“最不重要的”。当然我不认可，因为我是“场地型”的，但是具体操作里面就是这么回事儿，场地是可以抹平的。所以呢，在这个逻辑下，我觉得设计者的“口味”非常重要，其实这道菜还是让你来炒的，给你萝卜、白菜，然后不同的厨师，最后炒出来就是不太一样，有的时候是巨大的反差。他们的组织方式肯定是不一样的，有自己的炒法，语言是不一样的，所以你那个时期，比如我2007~2010年的语言状态就会反应在辰山里面，而我现在去做可能就不一样了。当时是很简单的那个语境里面，钢板的语言刚刚被撩起兴致，其实是这样，你刚刚发现你可以操控这样一个语言，你会发现很有意思，所以才会去拓展它。

（如果现在有机会让你改，或者重做设计，您会怎么做？）我会动作更小，年纪大了嘛。（能说得更具体点吗？）“动作更小”就是我的人工的东西会更少，可能会尝试更多的有机的东西，准确地说，不定性更多。年轻的时候锐劲儿可能更大一些，就是控制的直觉的点更大一些。但是年龄大了并不看这个了，他会看内里，他会更收回去。年轻人能做出事来就是因为他不懂得敬畏，做砸事情也是因为他不懂得敬畏，我们现在实际上就是越来越懂得敬畏。

我其实非常讨厌的、认为不对的就是唯一论，我觉得这是我完全不能接受的。所以为什么我至今不肯推出一个强行的理论，因为我觉得不存在唯一论。但是你自己做法里面存在唯一论，这一时期你就要以这种方式存在，但是实际上是不是这样的。我并不认为场地论是唯一论。人类发展得这么好就是因为我们没有唯一论，我指的是多样的博弈，这是根本。没有绝对的一个，但是要博弈。那筛的标准是什么？博弈之后它会有的。就是如果一个东西出来，好的话，还是会认的，你可能短期有争议但长期还是认的，价值会留下去。我说的唯一论是什么意思？其他人都不对就我对！没有这样的东西。

（但是还是会有一个终极的目标？）它有一个指向，所谓的博弈就是那个指向，这个是任何都阻挡不了的。（那您觉得这个终极的指向是偏向于美那一类的，还是人的生物本能那一类的？）美肯定是高于生物本能的。（那比如对于个体更安全、舒适的感觉呢？）所谓博弈，最后都是要压于一身的，你才能活得更长。一是活得种类更多，一是活得更长。比如你的一个特别特殊的设计，它可以存在，但它可能量非常非常小，它不可能是一个普及型的，如果你想是普及型的，就必须得符合这部分的规则，它是不一样的。

所以我觉得场地是很重要的，但是因为这个是你的认为，这是因为某种程度上你是希望这个东西是持续性的，存在可持续的逻辑。所以“场地型”可以让事物在原地产生，可持续地连续地变异，所以它的内在逻辑性就很强，就像农业文明似的，一直在积累一种变化，但是这个只是这种类型。就是肯定还会有一部分像布雷・马克思（Burle Marx）这种，他就是面对未来的设想，他的脑洞是开在未来的，特别好，这个没有什么不好。他的信息层更丰富、更繁杂一些，可以促进大变异，但是他不会是一个主调。

我这边也是，最后你还要接触其他信息，非常丰富的信息，是开放的，最后才会找到你自己合适的，把你的东西固定下来。但当你固定下来，如果你不变，你也就没有发展了。说白了就是你要给别人一个价值，这是你存在的价值，新的价值，跟别人不一样的价值，这个价值对别人有意义的话你就有意义与价值了。但是我们就是怕，传统里面很糟糕的一点就是说而不做，它也做但是它做得很少。但是你别看，孟先生那么传统的一个人，他其实脑子很活，他的跳跃能力非常强，他只不过不用那种形式，但他的思想一直在变，他只是形式比较固定罢了。能看出来他不是传统的那种，不是那种的传统的守旧主义者，但他给人的感觉是这样的。

（您做辰山的思路，是一开始就跟留白是完全契合的、直接受启发的，还是做完以后在总结反思的时候才想起留白的？）都有。因为“直觉型”就意味着你没有想得特清楚，否则就是理性了，当然最后你做一设计必须归于理性，就是我刚提的人的使用，但是一开始可以放，越往后你最后就固着了。其实放松只是一开始的控制方式，到后来就是非常确定了，转为所谓的工程问题。

（那您觉得“白”是在哪？是场地里的什么东西？）不是，最后没有“白”，最终的设计里面没有“白”，都是被控制的。所谓的“白”就是你不碰的那个地儿。

（所以您的理解是，不碰的东西是“白”？）你不碰的东西应该就是“白”。

（以我现在的理解，“白”是某一种控制秩序？）因为它是“阴-阳”，就看你从哪个角度看。你确定什么事情做了就确定了什么事情不做。设计之初的控制方法里，说大家有大量的模糊地带，有可能性。所以设计确实比较像下围棋，一开始有图谋，然后你各种变化是因为你的对手给你的力量产生的。但最后都要落定是一盘棋，无论输赢。

（所以它可以是黑白之间的那个气？）你可以这么说，这与画画很像，就是你当然一开始是一个模糊的状态，因为起始场地是白纸，就是还没有人开始画。但是画家眼里那些都是有位置的，他已经投上去了，因为他有一个概念，比如我画一个山水画，所谓气韵生动，我一开始有布局谋篇，但他没有画上去，一般咱们现在会有画个铅笔稿，但那个时候是不画的。就全是在所谓胸中的，但我已经投到那块白布上了，白纸上了，然后我去谋篇，但是过程中我可以有好多变化。像邱挺就说，都有可能想想好几天睡不着，然后醒了以后接着画，那他肯定跟一开始不一样，一直在变，直到把这幅画画完。

所以“场地型”，我觉得因借论里面其实能更好地体现布白的原则，因为场地本身有“势”的存在，但如果是新区，新区开发、新的公园，也有，但是大的已经被规划了。因为传统城市不是这么做的，可能是因为人力所不及，它会被限定在里面先做，当然还要考虑综合因素。

（采访至此结束）

# 附录B　关于江洋畈生态公园设计过程的访谈文字稿

*受访者：杭州江洋畈生态公园主设计师王向荣教授*

*采访时间：2016年12月30日*

*采访地点：多义景观*

这个项目还是挺复杂的。杭州的项目都是很有吸引力的，不管是什么类型的项目都特别想做。江洋畈其实特别偶然，做之前我对它其实一点儿都不了解，不知道这个地方，甚至“畈”字都不会念。但是很早以前，大概是1997~1998年，我看到过西湖疏浚淤泥，在抽淤泥的船上，抽出来都是汤汤水水的，有个大管子顺着西湖南面的长桥溪一直往山里面走。一开始不知道是干什么的，别人告诉我这管子是输淤泥的，我当时就觉得挺惊讶，现在输淤泥都是这么输！本来以为的是会挖出来、运到边上、再堆到哪里，但是这些淤泥到底走到哪里去了我也不知道。

后来一个特别偶然的机会，杭州园林局给我打电话说有个生态公园的项目，问我有没有兴趣，对于杭州的项目我当然有兴趣。当时正好是南方实习，我就让郭巍老师过去看看，结果他找都找不着，找了半天发现是用铁丝网给围着的，然后又联系当地人才进去。进去了又不敢走，当时泥库有个大坝，坝上是可以走人的，从铁门进去就是这个坝。他当时就给我打电话：王老师这个地儿没法做！根本进不去，可达性很差，外面的路也是条特别特别小的路，去那特别不方便，现在你要是在杭州问江洋畈在哪，人家也不知道，总之就是很偏的感觉，但它确实又离虎跑很近。当时他说根本都不能做，太危险了，也看不进去，人也不能进去，都是铁丝网围着。而且腐败的味儿特别大，好多残枝烂叶导致了特别特别大的味道，苍蝇蚊子也特别多，正好当时是10月份，本来也是蚊虫多的时候。我当时就说，这怎么回事啊，你就大概了解一下现场吧。

他很快就回来了，我们开始做竞标的设计。当时其实没有太多的现场照片，从Google上看就是一片树，什么都看不出来，它里面根本就进不去，测绘图纸也是很简单的，山上面的等高线都有，但泥库里面就没什么了，因为也没法进行测绘，就是这么一个地方。反正当时就是这么做了，现场到底是怎么回事？也模模糊糊的，因为山也上不去，都没有路。但是当时的判断还是很准的，非常非常准。当时想的是，所谓“生态公园”，这个地方就是一片人工行为形成的、自然按照自己的过程来进行演替的区域。这样一块地在城市里已经很少了，城市里绿地虽然很多，但大部分绿地都是人工控制为主，哪怕是杭州这些山上的山林，好像都是比较自然的，但是相当多人工控制的成分在里面。但是这一块地方人进不去，就完全不干预它，它完全按照自然的过程在进行，但那时候也没有资料，只能自己判断。我判断它是这样的：原来这里当然就是山谷了，淤泥最早进来的时候当然是汤汤水水的，为了把淤泥输进来砌了两道大坝，当时就告诉我们淤泥大概有20多米深。原来的树全部被砍掉了，使库容更大，在泥库边上做了一圈比较深的给水边沟，在库边上就能看见，顺着边沟还能往里头稍微走一点点，但边沟上也是灌木丛生的，后来也走不进去了。味儿特别大，苍蝇很多。边沟的目的主要是不让山上下来的水流到库里面去，以免影响库容，在边上把水收走排走了，所以相对来说没有太多的地表水进来。然后淤泥就进来了，刚进来的时候就是一个湖泊，我们做这个设计时应该是淤泥停止输送了4～5年的时候，植被已经萌发起来了，不大清楚里面具体是什么样的，但应该还是水和植被交融的一种状态。当时想的是水会越来越蒸发、越来越干，因为最早的时候就是湖泊，连土都看不着，但后来就都是植被了，所以当水变浅的时候水生植物就长起来了，再干的时候柳树就长起来了，我们看到的时候里面全都是柳树。边上是比较干的，中间看不见，但我们判断中间是有水和芦苇等。当时想的是，如果人不干预它的话，这个地方早晚就成了一片柳树林了，如果你再不干预它，越来越干了以后山上的植被也就下来了，连柳树都不一定能存活了，山上植被的力量是更强的。我们在做设计的时候它正好处于这么一个阶段：柳树萌发了不少，水生植物还有一些。如果人不干预，这个动态的演替会一直进行，可能这里很快就会变成一片山林了。所以当时的想法是，这是城市中一块特别宝贵的、自然按照自己的规律进程来进行演替的地区，所以我们想的最核心的是把这个自然自己演替的过程给它留下来、不干预它——这个是最宝贵的，其实就是城市中的荒野，不是原生荒野而是次生荒野。荒野的价值其实非常高，但是人们不大欣赏荒野，因为它与城市的景观有点对立，城市里面人们习惯的是舒适、干净、整洁的环境，也比较让人亲近；而荒野正好相反，人们不太接近它。我们想，还是要把这个荒野的面貌留下，让它自我演替，但是又不想最后变成山林都下来了这么一个结果，想把这个过程给它拉长，并且有些地方能够体现出全过程，有水面、水生植物，有耐一定水湿的柳树，可能还有别的植物，希望这个过程都有，而不是很快地把它变成一片山林。那么要怎么转变呢？原来这个山上的水都被截掉了，但现在淤泥已经停止输送，所以库容已不是最大的问题，我们就想，山上的水其实可以进到库区里面来，所以在设计的时候把边沟局部地方豁开了，豁开口后水就能够进来，这样也是能体现它自然的过程吧，原来人为干预地把它截断了，现在又让水进来，杭州降水量比较大，水面能一直维持着。但是这个水是有多有少的，这个过程我觉得非常好，水位能够来回变化，沼泽地就可以一直存在。这个是当初一个特别大的想法：第一就是保证自然景观能够以自己的方式延续下去，但是又害怕这个延续在很短的时间内变成山林、柳树林了，想让目前的状况尽量延长，也就是把人为截断的水再引进来，这样可以使这个湿生的环境一直持续下去，演替的过程就被拉长了。总体上来说，还是人尽量少干预它，并不是人不在里面做什么东西，而是希望它能够按照自己的过程演变，还是想在城市中开辟一片荒野。我不认为山林是荒野，因为山林其实是有着强大人工干预的，种什么树、不种什么树人都可以控制。但这里我想不再管了，而且也种不了树，最早还想景观是不是有些单调，种点树吧，做了试验，把竹竿插淤泥里面，插到一定程度竹竿自己就下去了，被淹没了，所以人根本不敢上去，挺可怕的，想种什么也种不了。当时就这样做了，总体来说就是保证它的自然演替。第二点是，这里还是要做成一个公园的，人是要进去体验这种自然变化的魅力，那么必要的设施是必须要有的，选择合适的位置、形态、材料，做到能够让人最充分地体验出自然的变化，最主要的就是自然的演化，别的都不是最重要的问题，因为公园面积本身也比较小。设施的选择也是很简单的，就是沿着硬的地方，泥和山地结合的地方做了一圈路，在泥库里做了一圈栈道，因为泥库比较危险人是不能走进去的，所以这个栈道是人最愿意走的地方，我们把这个栈道延长了一些，使栈道在总图上是摆来摆去的，但是栈道总的来说不长，内部到底是什么样的还不太清楚。原来还规定要在这里做一个1.5万$m^2$的杭帮菜博物馆，还是蛮大的，所以根据当时的等高线，就把建筑放在了等高线比较浅的地方。这是最早的一个方案，我觉得做得还可以，主要是展现出自然的过程，人也能够在里面使用它，变成一个公园，让人感受到自然的变化，看到自然的魅力，跟城市景观有个非常大的反差。然后人的干预做到最小，尽可能多地容纳游人，但是不将环境改变太多，适当地延长线路，大概就是这么个情况。至于说这里面用什么材料，等等，都还没考虑那么细，竞标方案很快就交了，其实这里头什么样都不知道，但是做了很多效果图，都是根据我们自己的判断。最后我们中标了，大家觉得生态这方面做得还是比较合适的，但问题就是，不能体现出杭州市的文化、传统。

当时做设计的是4家单位，另外3家都是杭州的，后来有机会我看到了他们的文本，其中比较好的一本是把它做成了如画的园林，他们也不知道里面是什么样的，从外面看就是泥库了，他们把泥库换成了水库的样子，叠的石头、瀑布，做了石桥，提了好多词，是一个典型的杭州那种诗情画意的花园。当时任务书里也有这么一条，就是说这个地方形成的原因跟太子湾有点相似，所以一开始甲方的设想是把江洋畈建成第二个太子湾。但是在太子湾那个年代，大家主要是通过幻灯片认识了英国那种如画的园林，就照着这么做了。但是在江洋畈，由于场地自身条件的限制，这样的做法在技术上也是行不通的。设计推进的过程并不是特别顺利，本来计划是2008~2009年建成的，但是最后是2010年建成，这期间我们跟甲方进行了非常多的沟通和协商。这个方案最终能够通过、实施，是受到了两个很关键的外部因素的支持。首先是当时杭州的一位副市长，他曾在北林进修过，理念上是比较新的，一直以来对我们的方案都非常的支持；另外就是江洋畈这个地方实在是太偏了，它的可达性很差，来的人有限，所以大家也不是特别的关心，如果换在杭州植物园这种地方，那结果估计会有很大的不同。

在方案深化的过程中，变化比较大的是道路具体的线形，因为在投标只是根据大概的判断自己先这么画的，真正做的时候按照现场放线情况对设施的选位、线形又进行了调整。在材料选择上，场地现状的环境是特别郁闭的，柳树长得很多，但都是又细又歪的那种，我们就想砍掉一部分柳树，不是连根拔掉，而是从根部的位置截断，让枝条从侧面萌发出来，这样的话，又细又高的树形就能变为相对低矮的灌木树形，降低树丛的郁闭程度。这里最大的问题就是蚊蝇特别的多，又缺少阳光，所以清理杂质是一个很重要的工作。开始我们预想这里的景观可能会显得比较单调，所以对植物做了一定的调整，主要沿道路种了一些灌木、地被。一般大家可能觉得淤泥会特别的肥沃，但其实并不是这样的，泥的颗粒特别细、不透水，一下雨就积水，一出太阳又板结，其实非常不利于种植。

这里可达性很差，大型机械是进不去场地的，场地上没有堆料的地方，所以所有的材料最好是在工厂里已经加工好了的产品，现场就直接安装了，现场最好不要有堆料的要求，直接运来直接安装，现场也不要有水池、泥土这些的操作，尽量都是一些工业产品，钢结构之类的。因为现场确实没有这样的条件，大型设备是进不去的，堆料也不可能，水泥、石头、砂浆这些东西尽量都不要用，因为施工比较困难。所以当时就选择了钢结构、铝镁合金的屋顶板，到那里再加工。这个可能是比较有争议的，因为在杭州，茅草棚、木栈道、小石滩、芦苇这些被认为是“生态的”。后来也探讨了很长时间，因为生态它不是一个符号，也不是通过材料表现的，在这么郁闭、潮湿的地方茅草亭肯定用不了几年就坏掉了，另外施工条件也不允许大量石头进来。所谓“生态”，不就是施工最方便、最便宜、最耐久，未来有可能的话可以更改、回收、更换。最后甲方接受了，形成这个结果，我觉得比较好的是大部分地方还是按照自然的状况在变化。当时做了很多生境岛，生境岛其实更多的是概念上的，实际上植物是会穿插进去的，但所谓“生境岛”，意思就是人不管它，不养护，但是自然条件下植物的种子还是会飘进去。生境岛外面的植物，因为它毕竟是个公园，尤其是地被这一层，在路边上，每年有可能的话种植一些花卉，可以是乡土的野花等草本花卉。做了很多的试验，我们也不知道这样的土壤条件适合哪些植物生长，有一个工程师特别上心，他自己做了大量的试验，发现波斯菊等几种植物是长得很好的。当时在做的时候就是蚊蝇特别多，当然还有很多别的生物，比如说还发现过野猪。这里面生境条件做得还是比较丰富的，因为蜜源植物种得很多，蝴蝶特别多，有40多种。我们在做设计的时候就在判断里面会有什么蝴蝶，因为生态公园肯定要有一些指示牌，告诉人其中生态的变化、自然条件的变迁、植物萌发的原因、植物的种类、动物的种类。但其实当时都不知道，全是自己判断的，结果发现比较准确。特别是蝴蝶，当时我们想象的是有20多种，但是有一个住在附近的杭州某大学生物系的退休老师，他本身是研究蝴蝶的，来了以后特别有兴趣，说我们做的指引牌其实都不准，有的拉丁名还错了，他说他发现了40多种蝴蝶，自己拍了照把资料给了管理处。后来我们联系到他，他特别开心地领着我们看，我们就把指引牌都给换了一遍，其实这些就全是他做出来的。我们上学那时候北京还有蝴蝶，9月份开学的时候学校里有很多小白蝴蝶，但现在都没有了，因为人们把生物的栖息环境都给去掉了。绿地倒不一定减少，甚至还可能增加了，但绿地都是按照人的使用、人的审美标准来设计的，根本就不是按照生物的使用来设计的。所以这里面生物的系统虽然很小，但还是很完善，到现在，淤泥里面有虾、小龙虾、螃蟹，早晨栈桥的栏杆上站着很多白鹭，它们吃虾，8点半公园开门的时候白鹭就飞到江边上去了，主要吃鱼之类的，晚上再回来，别的鸟也很多，还有其他好多好多的物种，还是很丰富的。

还有一个就是这个景观一直是变化的，现在再去，跟刚建成的时候相比，不能说完全不一样——大致的气氛还是一样的——但很多地方都改变了，很多地方都是我们无法预料的。我原来觉得总体上来说，尽管把水引进来了，但水是会越来越少的，没想到因为淤泥的下沉地表发生了很多变化，今天跟刚建成的时候相比淤泥又下沉了30cm左右。另外根据江洋畈博物馆经营的要求，他们希望跟前的这个水面能够高一点，所以不愿意把公园东南角排水的小闸打开，所以这个水就积了起来，比我们想象的面积要大。第一是因为淤泥下沉，下沉之后低凹的地方就会变多，再加上人的使用，水面升高是完全出乎我们想象的，好多柳树就死了，芦苇长起来了，有些地方其实又返回去了。这种问题还是挺多的，比如栈道很多地方也衔接不好了，本来平的地方变成台阶了。后来我也去过几次，管理处的人问我这个问题应该怎么办，是不是要种点别的树。其实最不好的就是这个餐馆，如果只是按照我们的要求控制起来会更简单一些，本来想这个景观就是动态的、不怎么进行干预的景观，地表的干湿变化是一个自然的过程，这个变化会影响植被的生长，植被生长变化了景观就会随之改变，有葱郁的时候也有荒凉的时候，有色彩缤纷的时候也有惨淡的时候，不要去管它，不要说柳树死了就去种新的，因为柳树死了芦苇又出来了，过几年又干一点了柳树就又出来了——这是一个自然的过程，不要干预它。大家基本上还是接受这个观点的，总体来说，这是一个跟杭州总体的景观不太一样的一个地方，杭州整体来说还是比较稳定、有文化蕴含的景观较多。有的人会喜欢这里，但有的人不喜欢，然而它是这个地方的一部分，我觉得大的一个思想就是让自然按照自己的过程进行。第二它是一个动态的，我们是顺应这个动态过程，不是说人工不干预，而是说考虑到它是一个公园，得考虑人的欣赏、植物的健康生长，蚊蝇尽量要少一些，现在来看效果还是不错的。因为它是动态的，我也不知道未来会是什么样，也许淤泥还在下沉，把一些硬质的桥拉坏了也是有可能的，但还好浮筒的桥是一个软质的基础，所以形态可能会跑了、不平整，但稳固还是能保证的。外面这一圈路的材料，当时考虑了混凝土、沥青，后来选择了砂石，这个路是有硬质的，但因为泥库上来马上就是山了，所以有的地方还可以，能在山上，但有的路面就是在泥库的边上，所以路面也是有下沉的地方，用泥土做的路面修整起来还是比较容易的，这也是材料选择的一个重要考虑。我觉得这个公园的一个好处是能够使参观过它的人的观念能有很大的变化，对于“自然”的话，尤其在这样一个周围没有密集的城市环境的独立区域，它有条件让自然按照自己的方式发展，人们也会接受它、喜欢它，感受到这样一个环境在城市中的价值。

总体来说就是这样一个情况，就设计来说其实还挺简单的，但就观念来说，在当时那个时间，方向的把握还是很准的。中间跟甲方讨论的过程比较棘手，双方都有自己的坚持，但还好一直没有到那种不能再讨论的境况，做成后甲方也还是觉得挺好的。

（问：您提到了这个公园在观念上的先锋性，那么您作出保留自然进程的这个设计决策，是有什么直接的诱因吗？或它发生在设计过程的哪一时刻？）时刻我也说不上来，我觉得我一拿到这个项目就有了这样的想法，包括我在内的很多设计都是这样吧，如果接到了这种已经具有一定独特性的项目，肯定是希望能够把这种独特性强化出来，而不是把它弱化掉，当作一个普通项目对待。这个项目本身就带有很强的与别的项目不同的方面，当时郭老师打电话给我说觉得这个地方可能不太适合建公园，但对我来说问题越大反而更是一个机会吧，寻求一种不同的可能性。在那个时候我就看到了这种可能，现场也去过好几次，沿着大坝和渠周边硬化的地方能往里走一点点，看到里头的样子。很多人可能就觉得这是一个荒地，但是我觉得设计师应该能看到跟一般人不同的视角，这个荒地的背后可能还有另外一个方面，我是觉得这种荒地是特别充满魅力的。当时大家都觉得要把江洋畈建成第二个太子湾，但是现在已经不太可能再做这样的事情了，现在一定是要做成另一个样子。很难说是哪一个瞬间，它是设计师（与生俱来，也不是与生俱来）长期积累下来的东西，你就是看到这个地方本身自己所具有的特征、不同的属性，你不能把它掩饰掉，要把它强化出来。（问：这个特征，其实一般都表现为理想的自然环境，但是江洋畈初始的状况并不太符合这一标准，您自己当时有疑问过吗？）也没有，我觉得这个地儿还是挺理想的。最不理想的就是，我当时往里走的时候，那个植物特别多，很干扰你，还可能划伤你，你就很不愿意走进去，这个问题倒不算太大。但是苍蝇真的太多了，因为腐败的东西，蚊子、蚯蚓这些小昆虫特别多，我当时觉得很难受的主要是这个。如果做公园的时候把这些清理掉，让阳光进去、保证通风，那么这些问题还是能够避免的，其他的方面我都觉得是挺有趣的。景观就是这样子，什么是理想？什么是不理想？对于设计师来说，有的时候正好相反，最不理想的地方就是你设计实践的地方，最理想的地方呢，你拿着它当然更容易做出成熟的作品吧，但它的价值和意义可能是正相反的另一个方面。最最恶劣、最最不理想的环境其实就是机会。这里头我们其实去了很多次，我和林老师加起来能有30多次吧，从来没有这样过，因为太复杂了，我们好多次在附近一住就是一星期，没有哪个项目花过这么多的时间。第一就是甲方有点儿难以接受，当然这也正常，因为杭州以前都不是那么做的；另外我们也是想着希望能尽可能地把这个项目做得更加完善一些，总体来说是不太容易的。设计就是这样，如果是四平八稳的普通的一个地块，你确确实实是没有感情；但如果你觉得这个地方是有很大很大的困难、特别特别多的问题，这个时候能看到设计师价值和能力的体现，更能够体现自己的作用。其实是挺简单的，在外面做了一圈路、在淤泥里面又做了一圈路，基本上没做什么太多的东西。建的过程之中，甲方挺花心思的，说越来越像你们做的效果图了！我们做了十几张效果图，都是自己贴的，没法进去都不知道里面是什么样子的，就表现那种荒芜的景象，有些水塘，栈道在水塘里，人就这么走过去，有点儿柳树什么的，就这种感觉。一般公园不大会用这种效果图，看杭州那种文本都是如画式的，做的过程中他们经常会说：这个跟你们效果图越来越像啦！我说，说明我们当时的判断还是比较准的。（问：所以当时几乎没有什么关于场地现状的基础资料，你们自己做了判断，然后事实也证明判断是完全准确的？）当时是这样的，场地完全进不去，做了一稿方案竞标，竞标下来了之后要深化设计的时候，甲方找了施工队把路按我们最早方案中的走向给铺上了，我就能进去看了，有些树挺密挺好的地方就改道了。当时划了好多好多生境岛，其实都是无所谓的，我当时想的就是，这个路这么走、那么走，怎么走其实都是无所谓的，生境岛划在这划在那都是无所谓的，都是可以动的，当时的判断标准就是把生长最好的那一片植物划为生境岛，其他地方可以尝试做些改动，根据最后的实际情况这些都可以移动。等他们把这条路铺好了、我们进去了以后，测了一遍图，岛的位置、路的位置都调过了一遍，随时都在调整方案。改来改去，最后方案跟最初方案的线型什么的都完全不一样了，但其实根本无所谓，景观上其实是没有什么太大的变化的，还是那种结果。施工期间其实反反复复是比较多的，当初设计的时候其实啥也没有，地形图也是一个大致的，是比较平的，航片上看也全是树，什么都看不到。所以这个设计其实挺不同的，只能在外围对现场做一个大致的判断，但至于现场真的是什么也不清楚。当时我们的判断是比较准的，另外三家则不然，他们不知道里面是什么，我有印象的一个方案是把这里当成了一片树林丛生的土地，里头是什么样也不管了，做了一个挺大的湖泊、桥、瀑布什么的。其实不是这样子的，这些根本就不可能形成，基础也不允许你这么做，所以这个判断出问题了。

我自己是感觉，设计师最早做设计的时候，即使是城市中特别复杂的地段，第一感觉，最早做设计的时候不要把现场看得特别深入，而是对现场有一个宏观的感觉（直觉吗？）对，现场大概的基本情况是有的，马上就做设计。这个设计受限是比较少的，你的思路是最开放的，这一稿出来以后再拿着它去好好看现场去，看现场是什么样、你的设计和现场是什么关系。每个设计师的工作方式是不一样的，如果有时间的话我是愿意这样做设计，特别粗浅地看个大感觉，有图纸就行了，回来之后就可以勾了，然后有了这个草图以后再去看现场。我是不愿意现场看得特别特别细致，这儿高那儿低，给自己限制得特别死，这样的设计可能确实会跟现场特别吻合，衔接得特别好，但是把你原来很多开放的想法都给排除掉了，很多可能性都没有了。所以这样的方式其实挺好的，看个大致什么样就做，做完以后再去仔细看现场。（问：朱老师在陈述上海辰山植物园矿坑花园的设计过程中也提到了一开始的设计直觉直接形成了方案雏形的经历，那您觉得这是设计思维的特别之处吗？）我觉得每个人可能都不太一样，相当多的设计师现场一晃就做设计了，做完设计了现场也不看，跟现场都对不上，这个是很糟糕的，这种设计师我觉得特别特别的多，经常遇到这种情况。比如说遇到一个设计，可能跟我的设计有交叉，我就想说：看没看现场啊？！明明这儿高那儿低却非要这么着。这真的很糟糕，我觉得这种设计师中国现在还是挺多的，现场时什么都根本不管、完全忽视。有的人是对现场一点感觉都没有，看了也没用，还有的虽然看了但也没好好地看，反正我觉得这都是不对的。有的设计师是把现场看得比较细才做的，我觉得每个设计师都不一样，但我是第一稿动手的时候只靠现场大感觉，第一次去现场的时候甲方总会说多住几天吧，但我说我就是现场看一下就行了，你要相信设计师的眼睛，我的眼睛看到的东西跟一般人看到的不完全一样。我觉得每个设计师都经历过一段时间的训练，他一看就知道这个情况是怎么样的，看了一下我回去就开始设计方案，然后我再回来看现场，但是是在我有了方案以后再来看。

（问：您觉得对于景观设计来说，场地的价值是绝对的吗？）我觉得是，对建筑、规划也是一样的。中国的设计师最大的问题是对场地没有感觉，我不是说所有的而是大多数的，他们对场地没有感觉，对场地的特征、属性，看得见的、看不见的价值忽视得比较多，可能建筑师的这种倾向会更明显一些，陶醉在自己的创作里，或者陷在功能等等，而对场地的属性是比较忽视的。相反，国外设计师普遍对这方面比较重视，特别是欧洲的建筑师，对场地特别敏感。风景园林更是这样，它本身就依托于场地，设计其实就像给场地穿件衣服，你肯定是量身定做，不能说是在超市里买件衣服，咱们现在都是拿几个指标在服装店里点一件衣服，总的来说也还是可以的。我觉得绝大多数现在的设计师是这样的，我给你做一个成品的衣服，它适合不少人来穿；但好的设计师那里每个人是不一样的，还分你是什么场合来穿、气质是怎么样的、身体条件是怎么样的，是这样来做。不过可能有的设计师能看到你的身材但看不到你的气质，好设计师应该是能看到人的气质，做出最合适的衣服。你不能直接说景观设计是给大地穿件衣服，但某些方面确实是类似的，哪些地方该做设计、哪些地方不该做，确实应该强调一下。

（问：在我的论文里，场地留白所针对的就是这个问题，它是识别、利用场地原有的价值来达到以最小干预实现既定目标的目的，您怎么理解这个问题呢？）我觉得设计是这样，比如我常跟学生说，在种树的时候，你先要确定什么地方是不种树的，然后把剩下的地方种满树就行了。设计的时候，特别重要的是确定什么地方是不要动的、不要做设计的，剩下的地方你去动就没事儿了，确确实实是这样。（问：您觉得这是一个设计技术上的考虑吗？）这个不是技术的问题，作为一个职业设计师，他就应该知道什么地方要空出来，对建筑师来说是很明显的了，景观设计师也是应该知道的，当然这并不必然。但一个好的设计师，他对这些就特别敏感。对于场地来说，最好的设计师会特别特别敏感，一看完场地，他就真的能看到普通人和一般设计师所看不见的，会有一种模模糊糊的看法，不一定特别明确我要怎么样，但就是有模模糊糊的看法，能够确定设计的方向，这个走向一旦确定，对整个设计来说都是很重要的，往前走也很难再拐弯了。（问：您觉得这种判断更多的是哪方面的考虑呢？）就是场地的价值吧，比如看的视线、重要的一些界面、与众不同的一些存在、独特的某些方面，可能还有很多我也说不太清楚，我觉得视线可能是其中比较重要的。

## 参考文献


[1] Koolhaas R. "Singapore Songlines: Portrait of a Potemkin Metropolis ... or Thirty Years of Tabula Rasa" Small, Medium, Large, Extra-large [M]. New York: Monacelli Press, 1995: 1031-1037.

[2] 雷姆·库哈斯，三好将夫，杨涛．"超大"在亚洲：雷姆·库哈斯与三好将夫的对话 [J]．建筑师，2015 (01): 43-55.

[3] 田晓菲．留白——写在《秋水堂论金瓶梅》之后 [M]．天津：天津人民出版社．2009.

[4] 门小牛．边缘与中心 [D]．清华大学，2012.

[5] 林同华．宗白华全集·第二卷 [M]．合肥：安徽教育出版社，1994: 51.

[6] 朱良志．中国美学十五讲 [M]．北京：北京大学出版社，2006: 156; 370; 116; 234.

[7] Matisse H. Ecrits et propos sur l'art [M]. Paris: Hermann, 1972: 168.

[8] 于贝尔·达米施．云的理论：为了建立一种新的绘画史 [M]．董强，译．南京：江苏美术出版社，2014: 253.

[9] 于贝尔·达米施．云的理论：为了建立一种新的绘画史 [M]．董强，译．南京：江苏美术出版社，2014: 311.

[10] 刘俊文．中国基本古籍库．

[11] 丁朝虹．白：原研哉的美学与策略 [J]．装饰，2014 (12): 68-69.

[12] 原研哉．白 [M]．纪江红，译．桂林：广西师范大学出版社，2008: 62-63.

[13] 王博．无的发现与确立——附论道家的形上学与政治哲学 [J]．哲学门，2011 (1): 93-108.

[14] 庞朴．说"無"[M] //深圳大学国学研究所．中国文化与中国哲学．北京：东方出版社，1986: 62-75.

[15] 刘翔．关于"有"、"无"的诠释 [M] //汤一介．中国文化与中国哲学．北京：三联书店，1991: 67-87.

[16] 康中乾．有无之辨：魏晋玄学本体思想再解读 [M]．北京：人民出版社，2003: 135-157.

[17] 巫鸿，肖铁．废墟的故事：中国美术和视觉文化中的"在场"与"缺席"[M]．上海：上海人民出版社，2012: 24-30.

[18] 陈鼓应．庄子今注今译·上 [M]．北京：中华书局，1983: 117, 119.

[19] 李溪．壶纳天地：亭子作为"场所"的意义 [J]．建筑师，2014 (05): 21-31.

[20] 冯友兰．中国哲学史·上 [M]．重庆：重庆出版社，2009: 200-202.

[21] Petersen Will，铃木大拙等．禅与艺术 [M]．徐进夫，译．哈尔滨：北方文艺出版社，1988: 24.

[22] Jullien F. The Great Image Has No Form, or On The Nonobject Through Painting [M]. Chicago: The University of Chicago Press, 2009: 23.

[23] 黄宾虹，王伯敏．黄宾虹画语录 [M]．上海：上海人民美术出版社，1961: 4.

[24] 李约瑟．中国科学技术史·第三卷 [M]．北京：科学出版社，1975: 337.

[25] 亢羽．中华建筑之魂：易学堪舆与建筑 [M]．北京：中国书店，1999: 109.

[26] 莱昂纳多·达·芬奇．达·芬奇论绘画 [M]．戴勉，译．桂林：广西师范大学出版社，2003: 123.

[27] 乔迅．石涛：清初中国的绘画与现代性 [M]．邱士华，刘宇珍等，译．北京：生活·读书·新知三联书店，2010: 261.

[28] Chan W. A study of Ma Yuan [D]. University of Hongkong, 1970: 14.

[29] 陈野．南宋绘画史 [M]．上海：上海古籍出版社，2008: 171.

[30] Lee Huishu, The Domain of Empress Yang (1162-1233): Art, Gender and Politics at the Southern Song Court. Yale University, 1994: 247-256.

[31] Rechard Edwards. The Heart of Ma Yuan : the Search for a Southern Song Aesthetic [M]. Hong Kong University Press, 2011: 212.

[32] 林莉娜．文艺绍兴——南宋艺术与文化特展，书画卷．台北：故宫博物院，2010: 382-383.

[33] 巫鸿，文丹．重屏：中国绘画中的媒材与再现 [M]．上海：上海人民出版社，2009: 37.

[34] 高居翰，Cahill James，洪再新，高士明．诗之旅 中国与日本的诗意绘画 [M]．北京：生活·读书·新知三联书店，2012: 23-25.

[35] 李杭春．陈从周全集之十二卷梓室余墨 [M]．南京：江苏文艺出版社，2013: 55.

[36] 童寯．园论 [M]．天津：百花文艺出版社，2006: 4; 5.

[37] 王毅．翳然林水：棲心中国园林之境 [M]．北京：北京大学出版社，2014: 196-207.

[38] 田晓菲．神游：早期中古时代与十九世纪中国的行旅写作 [M]．北京：三联书店，2015: 23.

[39] 周维权．中国古典园林史 [M]．北京：清华大学出版社，2008: 18-21; 294.

[40] 郝大为，安乐哲，顾凯．中国园林的宇宙论背景 [M] //童明，董豫赣，葛明．园林与建筑．北京：中国水利水电出版社，2009: 157-169.

[41] 陈从周．说园 [M]．上海：同济大学出版社，2007: 17.

[42] 王欣．如画观法 [M]．上海：同济大学出版社，2015: 171.

[43] 王稼句．文徵明与拙政园图 [M] //苏州园林博物馆．拙政园三十一景册．北京：中华书局，2014: 1-7.

[44] 顾凯．明代江南园林研究 [M]．南京：东南大学出版社，2010: 73.

[45] 刘敦桢．苏州古典园林 [M]．北京：中国建筑工业出版社，2005: 56.

[46] Bosco H. Malicroix. Paris: French & European Pubns, 1973: 105.

[47] 艾伦·卡尔松．环境美学：自然、艺术与建筑的肩上 [M]．杨平，译．成都：四川人民出版社，2006: 251; 5-6.

[48] 朱良志．枯山水与假山 [J]．明日风尚．2007 (08): 56.

[49] 引自枡野先生2015年10月21日清华大学讲座时对笔者提问的回答．

[50] 枡野俊明．日本造园心得 [M]．康恒，译．北京：中国建筑工业出版社，2014: 96; 15; 156.

[51] 大桥镐志采访视频见《石头的心声：枯山水》．二更视频．http://www.wandoujia.com/eyepetizer/detail.html?vid=3670.

[52] Holt J. The Mind of a Rock [N]. New York Times Magazine, 2007-11-18.

[53] 齐藤忠一．庭园解说：龙安寺//西川孟．日本的庭园美 4：龙安寺．东京：株式会社集英社，1989: 52; 55.

[54] 艾伦 ·S· 魏斯. 无限之镜：法国十七世纪园林及其哲学渊源 [M]. 段建强，译. 北京：中国建筑工业出版社，2013：25.
[55] 此句校注见：松尾芭蕉，大谷篤藏，中村俊定. 芭蕉句集 バショウ クシュウ [G]. 东京：岩波書店，1962：37.
[56] 金中. 古池，蛙纵水声传——一词加一句形式的俳句翻译. 外语研究，2010（01）：88-92.
[57] 刘庭风. 对自然美的膜拜——日本古典名园赏析（十五）龙安寺庭园. 园林，2006（11）：6-7.
[58] 杉尾伸太郎，石鼎. 关于龙安寺方丈庭园造园意图的考察. 中国园林，2012，(05)：22-24
[59] Treib M. Must Landscapes Mean? Approaches to Significance in Recent Landscape Architecture. Landscape Journal，1995，14（1）：46.
[60] Herrington S. Landscapes Can Mean. Landscape Journal，2007（2）：302-317.
[61] Treib M. Meaning and Meanings：An Introduction. 收录于Treib M. Meaning in Landscape Architecture & Gardens. New York：Routledge，2011：10-20.
[62] 李芒. 壮游佳句多——日本俳句家访华佳作译介. 日语学习与研究，1981（03）：24-27.
[63] Nitschke G. The Architecture of the Japanese Garden：Right Angle and Natural Form. Cologne：Benedikt Taschen Verlag，1991：119.
[64] Jellicoe G. Studies in Landscape Design Volume III，London：Oxford University Press，1970：24.
[65] 重森千青. 庭院之心：造园家严重的日本十大名园 [M]. 谢跃，译. 北京：社会科学文献出版社，2016：137-145.
[66] Cheng F. Empty and Full [M]. Kohn M H，译. Boston：Random House，1994：36.
[67] 李雪莲，安新东，传小林. 我国现代园林景观设计与"留白". 北方园艺，2009（11）：203-205.
[68] 李冬，张菲菲. 景观设计的留白——避免乡村景观的城市化. 河北建筑工程学院学报，2008（03）：55-57.
[69] 李诗佳，王崑，么迪，等. 一种新的审美方式——"量化留白"在园林景观设计中应用的可行性. 江苏农业科学，2015（11）：263-267.
[70] 刘彦鹏. 空纳万境，虚室生白——论苏州博物馆中的"留白"意韵. 装饰，2015（03）：126-127.
[71] 何欣然. 城市滨水景观设计中"留白"的意境美——以上海世博会后滩公园为例. 华中建筑，2012（07）：124-126.
[72] 文森特·凡·高. 亲爱的提奥：平野. 海口：南海出版公司，2001：364.
[73] Faure B. Double Exposure：Cutting across Buddhist and Western Discourses [M]. Lloyd J，译. Stanford：Stanford University，2004：4.
[74] Munroe A. Introduction. 收录于Munroe A. The Third Mind：American Artists Contemplate Asia，1860-1989 [G]. New York：Guggenheim Museum，2009.
[75] Noguchi I. A Sculptor's World. Gtingen：Steidl，2004：161.
[76] Fuller R.B. Foreword. A Sculptor's World. Gtingen：Steidl，2004：7.
[77] 李正平. 野口勇. 南京：东南大学出版社，2004：2.
[78] Witcher D T，De Armond A，Williams A. Isamu Noguchi's Utopian Landscapes. Minneapolis：Unitas Press，2013. 37
[79] Krinsky C H. Gordon Bunshaft of Skidmore，Owings & Merrill. New York：Architectural History Foundation，1988. 142
[80] Friedman M. Noguchi's Imaginary Landscapes. Minneapolis：Walker Art Center，1978：65
[81] Noguchi I. A Sculptor's World. Gtingen：Steidl，2004：170.
[82] Walker P. A levitation of stones+The Landscapes of Noguchi Isamu. Landscape Architecture，1990（Apr）：36-39；171.
[83] Treib M. Must Landscapes Mean? Approaches to Significance in Recent Landscape Architecture. Landscape Journal，1995（1）：47-62.
[84] Spirn A W. The Language of Landscape. New Haven and London：Yale University Press，1998：15.
[85] Dripps R. Groundwork//Burns C J，Kahn A. Site Matters：Design Concepts，Histories，and Strategies. New York：Routledge，2005：75-77.
[86] 增设风景园林学为一级学科论证报告 [J]. 中国园林，2011（05）：4-8.
[87] 杨锐. 风景园林学科建设中的9个关键问题. 中国园林，2017（01）：13-16.
[88] 陈洁萍. 场地书写：当代建筑、城市、景观设计中扩展领域的地形学研究. 南京：东南大学出版社，2011：18.
[89] Simonds J O，Starke B W. Landscape architecture：a manual of environmental planning and design. 4th. New York：McGraw-Hill，2006：362.
[90] Deming M E，Swaffield S. Landscape Architecture Research：Inquiry，Strategy，Design. New Jersey：John Wiley & Sons，Inc，2011：3.
[91] Halprin L. The RSVP Cycles：Creative Processes in the Human Environment. New York：George Braziller，1970：1-2.
[92] Eckbo G. Landscape for Living. Amherst：University of Massachusetts Press，2009：52.
[93] 马丁·海德格尔. 存在与时间 [M]. 陈嘉映，王庆节，译. 北京：三联书店，2012：20-23.
[94] 马丁·海德格尔. 荷尔德林诗的阐释. 孙周兴，译. 北京：商务印书馆，2000：218.
[95] Heidegger M，Krell D F. Basic Writings. London：Routledge & Kegan Paul Ltd.，1978：238-327.
[96] Heidegger M. Poetry，Language Thought. New York：Harper and Row，1971：146-147.
[97] Spirn A W. The Language of Landscape. New Haven and London：Yale University Press，1998：15.
[98] Conan M. In Defiance of the Institutional Art World.// Conan M. Contemporary garden aesthetics，creations and interpretations [G]. Washington，D.C.：Harvard University Press，2007：4.
[99] 诺伯舒兹. 场所精神：迈向建筑现象学 [M]. 施植明，译. 武汉：华中科技大学出版社，2010：1，7；18.
[100] Moore K. Overlooking the Visual：Demystifying the Art of Design. London：Routledge，2010：207；5-7.
[101] 实施《世界遗产公约》操作指南（2015版）：10，65-66.（2015-07-08）[2017-03-10]. http://www.icomoschina.org.cn/pics.php? class=22.
[102] 林箐，王向荣. 风景园林与文化. 中国园林，2009（09）：19-23.
[103] 王运宝. 城市成长需要"留白". 决策，2012（09）：

26-29.
[104] 涂先明，田乐，董青，等．应对中国经济模式转型的城市建设：适度与留白．景观设计学，2014（05）：70-73.
[105] 王向荣，林箐．西方现代景观设计的理论与实践．北京：中国建筑工业出版社，2002：267-269.
[106] 郭湧．承载园林生活历史的空间艺术品：解读法国雪铁龙公园．风景园林，2010（06）：113-118.
[107] Lassus B. The Landscape Approach. Philadelphia：University of Pennsylvania Press，1998：57.
[108] 引自Nail Kirkwood教授2013年10月9日在清华大学建筑学院的讲座内容．
[109] Terzidis K. The Etymology of Design：Pre-Socratic Perspective. MIT Press：Design Issues，2007，Vol.23（4）：69-78.
[110] 查尔斯·莫尔，威廉·米歇尔，威廉·图布尔．看风景［M］．李斯，译．哈尔滨：北方文艺出版社，2012：18.
[111] 史蒂文·布拉萨．景观美学［M］．彭锋，译．北京大学出版社，2008：41-59.
[112] 杨锐．"风景"释义．中国园林，2010（09）：1-3.
[113] 安妮·惠斯顿·斯本，张红卫，李铁．景观的语言：文化、身份、设计和规划．中国园林，2016（02）：5-11.
[114] Harrison R P. Gardens：An Essay on the Human Condition. Chicago：The University of Chicago Press，2008：48.
[115] 皮埃尔·阿多．伊西斯的面纱：自然的观念史随笔［M］．张卜天，译．上海：华东师范大学出版社，2015：101-246.
[116] Burns C J，Kahn A. Why Site Matters//Burns C J，Kahn A. Site Matters：Design Concepts，Histories，and Strategies. New York：Routledge，2005：pxxiii.
[117] Simon H A. The Sciences of the Artificial. Cambridge：M.I.T. Press，1969：113
[118] Moore K. Is Landscape Philosophy？. 收录于 Doherty G，Waldheim C. Is Landscape...？Essays on the Identity of Landscape［G］．New York：Routledge，2016：288
[119] Treib M. Meaning in Landscape Architecture & Gardens. New York：Routledge，2011：12.
[120] Preece R A. Designs on the landscape：everyday landscapes，values，and practice. New York：Belhaven Press，1991：32-70.
[121] 丁奇，李利．"失魅中的返魅"——寻常景观认知及其自反性思考．建筑师，2014（02）：52-63.
[122] Hunt J D. Greater Perfections：The Practice of Garden Theory. Philadelphia：University of Pennsylvania，2000：223；212-214.
[123] 安妮·惠斯顿·斯本，张红卫，李铁．op. cit. 5-11.
[124] 约翰·缪尔．等鹿来［M］．张白桦等，译．北京：北京大学出版社，2015：xviii.
[125] 沃斯特·唐纳德．自然的经济体系：生态思想史［M］．候文蕙，译．北京：商务印书馆，1999：19-499.
[126] 托马斯·贝里．伟大的事业：人类未来之路［M］．曹静，译．北京：三联书店，2005：3，189.
[127] 阿尔多·利奥波德．沙郡年记 中英文本［M］．孙健，崔顺起，丁艳玲，译．北京：当代世界出版社，2005.
[128] 李培超．环境伦理．北京：作家出版社，1998：29.
[129] 雷彻尔·卡逊．寂静的春天［M］．吕瑞兰，译．北京：科学出版社，1979.
[130] 霍尔姆斯·罗尔斯顿III. 哲学走向荒野［M］．刘耳，叶平，译．长春：吉林人民出版社，2000：5-35
[131] 霍尔姆斯·罗尔斯顿III，刘耳．环境伦理学的类型．哲学译丛，1999（04）：17-22.
[132] 李培超．伦理拓展主义的颠覆：西方环境伦理思潮研究．长沙：湖南师范大学出版社，2004.：29-32.
[133] Corner J，Hirsch A B. The Landscape Imagination. New York：Princeton Architectural Press，2014：257-281.
[134] 林祥磊．梭罗、海克尔与"生态学"一词的提出．科学文化评论，2013（02）：18-28.
[135] 雷蒙·威廉斯．关键词：文化与社会的词汇［M］．刘建基，译．北京：生活·读书·新知三联书店，2005：140.
[136] Sparshott F E. Figuring the Ground：Notes on Some Theoretical Problems of the Aesthetic Environment. Journal of Aesthetic Education，1972，6（3）：11-23.
[137] Howett C. Systems，signs，sensibilities：sources for a new landscape aesthetic［J］．Landscape journal，1987（Vol.6（1））：1-12.
[138] Steiner F. Is Landscape Planning？. 收录于 Doherty G，Waldheim C. Is Landscape...？Essays on the Identity of Landscape［G］．New York：Routledge，2016：138-161.
[139] Johnson B R，Hill K. Ecology and design：frameworks for learning［G］．Washington，DC：Island Press，2002：1-26.
[140] Spirn A.W. Ecological Urbanism：A Framework for the Design of Resilient Cities. 收录于 Ndubisi F O. The ecological design and planning reader［G］．Washington，DC：Island Press，2014：565.
[141] Lister N.M. Is Landscape Ecology？. 收录于 Doherty G，Waldheim C. Is Landscape...？Essays on the Identity of Landscape［G］．New York：Routledge，2016：115-137.
[142] 约翰·布林克霍夫·杰克逊．发现乡土景观［M］．俞孔坚，陈义勇，译．北京：商务印书馆，2015：11.
[143] 克里斯多夫·基诺特．景观设计中的四个痕迹概念．收录于詹姆士·科纳．论当代景观建筑学的复兴［G］．吴琨，韩晓晔，译．北京：中国建筑工业出版社，2008：59.
[144] 巫鸿．阅读缺席——中国艺术史中的三个时刻//黄专，编．作为观念的艺术史．广州：岭南美术出版社，2014：26-87；35-37.
[145] Jellicoe，G.A.S.，The landscape of man：shaping the environment from prehistory to the present day. 1987，New York：Thames and Hudson：7.
[146] 巫鸿，李清泉，郑岩．中国古代艺术与建筑中的"纪念碑性"．上海：上海人民出版社，2009：5.
[147] Gill K. On Emptiness. Journal of Landscape Architecture，2015，10（2）：4-5.
[148] Gschwendtner G，Alves M. T. Seeds of Change.（2012-09-18）［2017-03-20］．http://www.gooood.hk/_d275375053.htm.
[149] 韩玉德，吴庆兵，陈海燕．宁波博物馆瓦爿墙施工技术．施工技术，2010（07）：93-95.

[150] 张利. 配角身份与直白连接——玉树新寨嘉那嘛呢游客到访中心. 建筑学报，2014（04）：45-47.
[151] 王荣华. 上海大辞典·上［G］. 上海：上海辞书出版社，2007：10.
[152] 曾正强，严学新，龚士良，等. 上海佘山风景区废弃采石坑环境治理对策. 上海地质，2002（02）：6-10.
[153] 克里斯朵夫·瓦伦丁，丁一巨. 上海辰山植物园规划设计. 中国园林，2010（01）：4-10.
[154] Jodidio P，Strong J A. I.M. Pei：Complete Works［G］. New York：Random House，2008.
[155] Slavicek L C. I.M. Pei. New York：Chelsea House，2010：94.
[156] Wiseman C. The Architecture of I.M. Pei. London：Thames & Hudson，2001：317；322.
[157] 伊玛·汉萨纳，吴焕，钱丽源. 巴塞罗那城市防空炮台基地修复. 城市环境设计，2016（03）：369-375.
[158] 王向荣，林箐. 杭州江洋畈生态公园工程月历. 风景园林，2011（01）：18-31.
[159] 林箐，王向荣. 杭州江洋畈生态公园. 城市环境设计，2009（09）：122-123.
[160] 沈洁. 风景园林价值观之思辨［博士学位论文］. 北京林业大学，2012.
[161] 陈芸. 杭州太子湾公园与江洋畈生态公园景观设计比较研究［硕士学位论文］. 浙江大学，2013：Ⅱ.
[162] 堂·阿尔德沃尔，洛尔·洛佩兹，克里斯汀娜·卡尔默纳，等. 十字架海角地中海俱乐部景观修复. 风景园林，2013（01）：94-103.
[163] http://www.landezine.com/index.php/2011/03/tudela-club-med-restoration-in-cap-de-creus-by-emf-landscape-architecture/.
[164] Holl S. Anchoring. New York：Princeton Architectural Press，1989：9.
[165] ASLA官方网站：https：//www.asla.org/2012awards/026.html.
[166] 俞孔坚. 建筑与水涝共生——哈尔滨群力雨洪公园. 建筑学报，2012（10）：68-69.
[167] 章明，张姿，秦曙. 锚固与游离：上海杨浦滨江公共空间一期. 时代建筑，2017（01）：108-115.
[168] 章明，高小宇，张姿. 向史而新：延安中路816号"严同春"宅（解放日报社）修缮及改造项目. 时代建筑，2016（04）：97-105.
[169] 龚丹韵. 城市是一出更新的连续剧［N］. 解放日报，2016-08-15（009）.
[170] Komara A，Birnbaum C. Modern Landscapes：Lawrence Halprin's Skyline Park. New York：Princeton Architectural Press，2012：28.
[171] 蔡哲铭. 景观设计的意象与表现—对话劳瑞·欧林. 景观设计学，2016（06）：28-35.
[172] 彼得·卒姆托. 建筑氛围［M］. 张宇，译. 北京：中国建筑工业出版社，2010：15.
[173] 越后妻有大地艺术祭官方网站http://www.echigo-tsumari.jp/gb/about.
[174] 王欣. 园品三观. 微信公众号"乌有园"2015年10月29日推送. https：//mp.weixin.qq.com/s？__biz=MzI5NjA0MDkyOQ==&mid=400245819&idx=1&sn=f3b3fd92b1b5532868835cbefb7c9094&scene=1&srcid=1229QiHBvk6oJkwg9v7JBTO5&uin=NDkyNDcwMDU1&key=62bb001fdbc364e5f1f7cc6427f248acfc225ace00171083b6637e6e42d7e0ae467f5c2b76c90ecb06be9f352d0dcd87&devicetype=webwx&version=70000001&lang=zh_CN&pass_ticket=7GNnyJ8FP02kAR34XNznqPSmfuDBJYQrwrdDKWO57WsB8N70NC2iTrvjcYj8NmNq.
[175] 非常建筑作品. 建筑师，2004（02）：63-94.
[176] 史建. 超城市化语境中的"非常"十年——张永和及其非常建筑工作室十年综述. 建筑师，2004（02）：4-13.
[177] 王向荣，林箐. 风景园林与自然. 世界建筑，2014（02）：24-27.
[178] 尼尔·考森斯，刘心依，刘伯英. 为什么要保护工业遗产. 遗产与保护研究，2016（01）：55-59.
[179] 有关场论发展的研究参考：曹天予. 20世纪场论的概念发展［M］. 吴新忠，李宏芳，李继堂，译. 上海：上海科技教育出版社，2008.
[180] Guru B S，Hiziroglu H R. Electromagnetic Field Theory Fundamentals. Cambridge：Cambridge University Press，2009：3.
[181] Mrozynski G，Stallein M. Electromagnetic Field Theory：A Collection of Problems. Wiesbaden：Vieweg+Teubner Verlag，2013：16.
[182] Levy Leah，Walker Peter. 彼得·沃克——极简主义庭园［M］. 王晓俊，译. 南京：东南大学出版社，2003：21.
[183] Olmsted F L. Walks and Talks of an American Farmer in England. New York：Putnam，1852. 154.
[184] Weidinger J. Designing Atmospheres：明日的风景园林学，北京，2013［C］：443-435.
[185] Cooper D E. A philosophy of gardens［M］. Oxford：Oxford University Press，2006：47-53.
[186] 伊恩·伦诺克斯·麦克哈格. 设计结合自然［M］. 芮经纬，译. 天津：天津大学出版社，2006：43-45.
[187] 凯文·林奇. 城市意象［M］. 方益萍，何晓军，译. 北京：华夏出版社，2001：35-69.
[188] Conan M. Introduction//Conan M. Landscape Design and the Experience of Motion. Washington D.C.：Dumbarton Oaks Research Library and Collection，2003：7.
[189] Grange J. On the Way Towards Foundational Ecology. Soundings，1977（2）：135-149.
[190] Weidinger J. Designing Atmospheres：明日的风景园林学，北京，2013［C］：443-435.
[191] 斯蒂格·L·安德森，孙一鹤. 氛围：景观设计中的质量、感知与时间概念. 景观设计学，2014（01）：72-77.
[192] Treib M. Must Landscapes Mean？ Approaches to Significance in Recent Landscape Architecture. Landscape Journal，1995（1）：47-62.
[193] Hunt J D. Site，Sight，Insight：Essays on Landscape Architecture. Philadelphia：University of Pennsylvania Press，2016：164.
[194] 加斯东·巴什拉. 空间的诗学［M］. 张逸婧，译. 上海：上海译文出版社，2013：10.
[195] 沃尔夫冈·伊瑟尔. 虚构与想象：文学人类学疆界［M］. 陈定家，汪正龙等，译. 长春：吉林人民出版社，2003：28-36.
[196] Hunt J D. The Afterlife of Gardens. Philadelphia：University of Pennsylvania Press，2004：13.
[197] Hunt J D. Greater Perfections：The Practice of Garden Theory. Philadelphia：University of

Pennsylvania, 2000: 15.
[198] Ross S. What Gardens Mean. Chicago: University of Chicago Press, 2001: 184.
[199] 冯仕达，孙田. 自我、景致与行动:《园冶》借景篇. 中国园林，2009 (11): 1-3.
[200] Sudjic D. The Language of Things: Understanding the World of Desirable Objects. London: Penguin, 2008: 51.
[201] Simonds J O, Starke B W. Landscape architecture : a manual of environmental planning and design. 4th. New York: McGraw-Hill, 2006: 365-367.
[202] van Sweden J, Christopher T. The artful garden: creative inspiration for landscape design. New York: Random House, 2011: 3-10.
[203] Baxandall M. Patterns of Intention: On the Historical Explanation of Pictures. New Haven: Yale University Press, 1985: 35.
[204] Gombrich E H. Art and Illusion : a Study in the Psychology of Pictorial Representation. Princeton: Princeton University Press, 2000: 180.
[205] Ching-Yu Chang. Process Architecture: Lawrence Halprin [G]. Tokyo: プロセス アーキテクチュア, 1984: 78.
[206] Martin D. Lawrence Halprin, Landscape Architect, Dies at 93 [N]. New York Times, 2009-10-28.
[207] 苗妍. 罗斯福传. 长春: 吉林出版集团有限责任公司, 2011: 285.
[208] 许仁华. 民主的纪念 [硕士学位论文]. 南京林业大学, 2005: 18.
[209] 彼得・沃克，梅拉妮・西莫. 看不见的花园: 探寻美国景观的现代主义 [M]. 王健，王向荣，译. 北京: 中国建筑工业出版社，2009: 160.
[210] Jellicoe G. Studies in Landscape Design Volume III. London: Oxford University Press, 1970: 23-33.
[211] Aidala T. The FDR Memorial: Halprin Redefines the Monumental Landscape. Landscape Architecture, 1979 (January): 42-53.
[212] Jellicoe G. Jung and the Art of Landscape: A Personal Experience//Wrede S, Adams W H. Denatured Visions: Landscape and Culture in the Twentieth Century. New York: The Museum of Modern Art, 2003: 126.
[213] 朱育帆，郭湧. 设计介质论——风景园林学研究方法论的新进路. 中国园林，2014 (07): 5-10.

# 致谢

本书的基础是我完成于2017年的博士学位论文，首先感谢导师清华大学朱育帆教授在论文写作过程中对我的指导，尤其是在成文的最后一年，朱老师耗费了大量的时间与精力在立论、逻辑、表述等多个方面提出了重要的建议，并鼓励我与他讨论、表达自己的想法。师从朱老师已是第十个年头，恩师一直是我学术、人生道路上的偶像。

特别感谢参与我论文开题、预答辩，担任公开评阅人和毕业答辩会主席的清华大学杨锐教授，在各阶段对论文方向、主题等重要问题提出极具启发性的意见，鞭策我克服缺项、不断进步；特别感谢北京大学的李溪老师，哲学、美学问题既是本书研究的重要基础又是写作的难点所在，有幸得到李老师的指导，帮助厘清了哲学-艺术-景观语境转换的问题，谢谢李老师对一个非哲学专业学生浅陋的知识储备所给予的包容与耐心；特别感谢北京林业大学王向荣老师、林箐老师就江洋畈生态公园的设计问题接受我的访谈，并多次审阅文章结构，针对核心问题提出修改意见，还分享了他们自己的设计经验与习惯，给了我非常大的启发及鼓励。感谢EMF景观事务所设计师吉玛·巴特洛里（Gemma Batllori）通过电子邮件回答了笔者关于克雷乌斯海角自然公园设计的提问；感谢罗维拉山景观修复项目主设计师伊玛·詹萨纳（Imma Jansana）和帮我翻译、转发邮件的吴焕先生。在五年的论文写作期间，李雄老师、李树华老师、孙凤岐老师、郑晓笛老师、赵智聪老师、庄优波老师、唐克扬老师、周榕老师、金秋野老师等均提出过指导意见，在此一并致谢。

还要感谢我的父母、公婆以及所有家人们在文章写作期间给予我的鼓励与关爱；特别感谢我的丈夫门小牛，对于我的学业和事业，给予了他力所能及的最大支持。

**图书在版编目（CIP）数据**

场地设计留白 = Void in Landscape Design / 许愿著. —北京：中国建筑工业出版社，2019.12
（清华大学风景园林设计研究理论丛书）
ISBN 978-7-112-24683-0

Ⅰ. ①场… Ⅱ. ①许… Ⅲ. ①园林设计－场地－环境设计 Ⅳ. ①TU986.2

中国版本图书馆CIP数据核字（2020）第025784号

责任编辑：兰丽婷　杨　琪
书籍设计：韩蒙恩
责任校对：芦欣甜

清华大学风景园林设计研究理论丛书
**场地设计留白**
Void in Landscape Design
许愿　著
*
中国建筑工业出版社出版、发行（北京海淀三里河路9号）
各地新华书店、建筑书店经销
北京锋尚制版有限公司制版
北京中科印刷有限公司印刷
*
开本：787毫米×1092毫米　1/16　印张：11¾　字数：285千字
2020年12月第一版　2020年12月第一次印刷
定价：65.00元
ISBN 978-7-112-24683-0
（35245）